글 · 사진 박종수

신화가 살아 숨 쉬는 북유럽 인문학 여행

내가 만난 북유럽

글 · 사진 박종수

BM 황금부엉이

북유럽 신화를 찾아가는 인문학 여행을 시작하며

우리는 오랫동안 북유럽을 아주 먼 나라처럼 여겼다. 기술의 발달로 이미 세계 곳곳에서 오지는 거의 전무하다시피 하고, 전 세계에 발길이 닿지 않은 곳이 없다. 더 이상의 신세계는 존재하지 않는 듯하지만, 북유럽은 몇몇 도시를 제외하고는 잘 알려져 있지 않다. 우리나라에서 복지정책이 언급될 때마다 중요한 사례 국가로 언급되는 정도다.

잘 알려져 있지 않으면서도 낯설지 않은 나라. 최근에는 영화 콘텐츠로 녹여낸 신화 내용으로 더 잘 알려진 곳. 북유럽은 우리에게 그렇게 다가왔다. 그래서 북유럽 국가들의 실체를 직접 느껴보는 것이 중요하다는 생각이 들었다. 지리적, 문화적 특징과 정치 · 사회적 특징이 지금까지 우리가 만나온 서유럽과는 분명 차이가 있는 곳이다. 그래서 더욱 더 호기심이 생겼는지도 모르겠다.

그러나 북유럽은 덴마크를 제외한 대부분의 나라들이 북극 가까운 곳에 위치해 있어 생각보다 접근이 쉽지 않다. 시간이나 비용면에서 여행을 준비하는 사람들에게는 부담이 될 수밖에 없다.

여행은 개인적인 호기심을 충족시키는 것 뿐만이 아니라 국가 간의 문화 교류라는 명목으로 전개되기도 한다. 최근에는 국가 간의 다양한 문화 교류 행사나 개인들의 호기 어린 여행 등이 물리적인 거리는 물론 심리적 거리도 단축시켜 나가고 있다. 그래서 멀리 떨어져 있는 곳도 문화적 거리나 심리적 거리가 단축되면 마치 가까운 곳처럼 느껴지게 된다. 여행을 하다 보면 바로 그런 거리가 좁혀지는 효과를 느낄 수 있어 좋다. 이 책에서는 북유럽 국가들이 가지고 있는 신화의 내용과 신화 속 주인공들의 풍취, 그리고 스칸디나비아 반도에서 살아가는 북유럽 사람들의 모습과 자연 환경 등 오늘날 북유럽의 진짜 모습에 대해 하나씩 말하고자 한다.

북유럽 신화는 무엇일까

북유럽 여행을 하다 보면 북유럽 신화를 자주 만나게 된다. 자주 만나게 되는 신화의 내용과 문화의 형성과정에 대해 이해한다면 북유럽 여행은 그만큼 더 재미있고 즐거울 것이다.

일반적으로 북유럽 신화라고도 하는 노르드 신화Norse mythology는 스칸디나비아 반도오늘날의 덴마크, 스웨덴, 노르웨이, 핀란드, 아이슬란드, 그리고 그린란드 일부에 살았던 게르만인의 일파인 노르드인들이 가톨릭으로 개종하기 이전에 지녔던 종교, 신앙, 전설 등을 일컫는다. 노르드 신화는 유럽 대부분이 가톨릭으로 개종한 이후에도 스칸디나비아 반도에서 계속 살아남아 게르만 신화를 대표하는 신화로 자리 잡고 있다.

노르드 신화는 아이슬란드 작가 스노리 스툴루손이 「신 에다New Edda」라고 부르는 책을 펴내면서 본격적으로 알려졌다. 「신 에다」에는 그동안 구전으로 내려 온 북유럽 신화들이 담겨 있는데, 아이슬란드의 신화와 영웅에 관한 대부분의 이야기들이 수록되어 있다.

노르드 신화는 북유럽 국가들, 특히 스칸디나비아 반도에 위치한 대부분의 나라들이 가지고 있는 신화의 원형이기도 하다. 물론 핀란드는 예외지만. 심지어 게르만 신화의 원형으로까지 그 역할을 한다. 그리고 이 노르드 신화는 최근에 이르러 컴퓨터 게임은 물론 〈반지의 제왕〉이나 〈니벨룽겐의 반지〉 같은 영화나 오페라의 소재 등으로 수없이 이용되고 있다. 그리스로마 신화는 말할 것도 없고 노르드 신화를 이해해야 하는 이유가 바로 문화산업의 보고이기 때문이란 점을 기억하면 좋겠다.

스칸디나비아는 원래 덴마크와 스웨덴, 그리고 노르웨이를 지칭하지만 북유럽 국가들을 가리킬 때는 일반적으로 스칸디나비아 3국을 포함해 아이슬란드와 핀란드를 포함하는 경향이 있다. 더구나 이들 5개국 모두 국기에 십자가를 담고 있고, 개신교 국가임을 천명하고 있어 마치 형제 국가 같은 느낌을 주기도 한다. 또 핀란드를 제외하고 모두 똑같은 북유럽 신화를 건국 설화로 삼고 있는 점도 하나의 문화권임을 강조하는 것이라고 볼 수 있다. 이 책에서는 이들 북유럽 5개국을 돌아보며 만난 신화와 사람들, 험난한 자연 환경과 침략에 맞서 싸운 그들의 역사와 오늘날의 모습을 독자 여러분과 함께 살펴보고자 한다.

박종수.

목차

02

노르웨이

Norway

스타방에르 ➤ 베르겐 ➤ 오슬로 ➤ 보되 ➤ 로포텐 ➤ 트롬쇠 ➤ 카우토케이노 ➤ 시르케네스 ➤ 스반비크

03

스웨덴

Sweden

스톡홀름 ➤ 달라르나 ➤ 웁살라 ➤ 감라 웁살라 ➤ 키루나 ➤ 옐리바레 ➤ 카레수안도

04

핀란드
Finland

헬싱키 ➤ 하멘린나 ➤ 야르벤파 ➤ 투르쿠 ➤ 로바니에미 ➤ 이발로 ➤ 이나리 ➤ 카레수안도

05

아이슬란드
Iceland

레이캬비크 ➤ 게이시르 ➤ 굴포스 ➤ 싱벨리르 ➤ 뮈르달스 요쿨 빙하 지역 ➤ 비크 ➤ 스카프타펠스 요쿨 빙하 지역 ➤ 호프 ➤ 후사비크 ➤ 고다포스 ➤ 아르나르스타피

스키에른
헬싱괴르
코펜하겐
로스킬데
리베
오덴세
트렐레보르
포보르

01

덴마크

Denmark

코펜하겐

오덴세

헬싱괴르

스키에른

로스킬데

트렐레보르

포보르

리베

덴마크의 어머니, 게피온

덴마크의 어머니 게피온

게피온 분수로 가는 길

1월의 코펜하겐 시내는 내리는 눈 때문인지, 아니면 불어대는 바람 때문인지 몹시 을씨년스럽기만 하다. 고개를 숙이고 움츠리고 걷는 사람들. 그 속에서 나는 '덴마크의 어머니'로 불리는 신화의 주인공, '게피온 여신'을 만나러 가기 위해 시내 번화가 쪽으로 발걸음을 옮겼다.

게피온Gefjon은 북유럽 신화에 등장하는 프레이야 여신의 여러 이름 중 하나로, '번영과 행복을 주는 사람'이란 뜻을 지니고 있다. 스웨덴 작가 엘레오노라가 낭만주의 서사시 「게피온 제4장」에서 40페이지에 걸쳐 게피온을 노르웨이, 스웨덴, 덴마크 신화의 어머니로 묘사하고 있을 만큼 북유럽 건국의 시조라고 할 수 있는 인물이다. 따라서 지금 만나러 가는 '게피온 분수'는 덴마크 건국 신화와 직접 연관이 있을 뿐 아니라 덴마크와 스웨덴의 관계도 짐작케 하는 상징적인 건축물이다.

게피온 분수로 향하는 길, 시청 건물에서 게피온 분수가 있는 곳까지, 거의 직선으로 뻗어 있는 도로는 코펜하겐에서 가장 많은 볼거리가 몰려 있는 곳이다.

먼저 넓은 광장 앞에 우뚝 선 시청 건물이 눈에 띈다. 그 앞에는 건축가 마틴이 1905년에 만든 멋진 용 장식의 분수가 있고, 건물 한복판에는 코펜하겐을 일으킨 주교 압살론의 황금상이 붙어있어 권위를 더한다. 시청사 안에는 1955년에 만든 천체 시계가 덴마크의 뛰어난 기술을 뽐내고 있다. 이 시계는 3년에 0.5초밖에 오차가 나지 않는다고 하니 실로 대단하다. 기회가 되면 가이드의 안내를 받아 천천히 시청사를 둘러보고, 지붕 위 전망대에 올라가 코펜하겐 시내를 바라보는 것도 좋은 추억거리가 될 듯하다.

시내 중심가 스트로이에 거리를 따라 걷다 보니 어느새 '뉘히운 거리'에 다다른다. 네덜란드 암스테르담을 본따 1673년에 만들었다는 뉘하운은 '새로운 항구'라는 뜻이다. 알록달록한 집들이 늘어선 이곳에는 맛있는 음식점과

◀ 시청사 앞 분수

선술집들이 즐비하다. 특히 이곳은 안데르센이 고향을 떠나 죽을 때까지 작품 활동을 하며 지냈던 곳으로도 유명하다.

뉘하운 거리를 지나니 웅장한 아말리엔보르 궁전이 나타난다. 1794년부터 덴마크 왕가에서 사용하고 있는 이 궁전은 현재 덴마크 여왕인 마르그레테 Margreth II, 1940~ 2세 가족이 거주하고 있다. 궁전 중앙에는 18세기 덴마크와 노르웨이의 군주로 20년을 통치하다 42살에 요절한 프레데리크 5세Frederick V, 1723~1766의 조각상이 있다. 별다른 업적을 남기지 않았는데도 이리 거대한 동상을 세워놓은 것을 보면 덴마크 왕가의 위엄이 대단하기는 한 모양이다.

아말리엔보르 궁전 맞은편에는 세계에서 가장 좋은 음향 효과를 자랑하는 코펜하겐 오페라극장이 있다. 특히 밤경치가 아름다운 오페라극장은 음향 시스템이 좋아 세계 음악 애호가들의 칭송을 한몸에 받고 있다.

▲ 뉘하운 항구의 풍경

▲ 마치 크리스마스 카드에 그려진 그림같은 성 알반스 교회.
시시각각 변하는 하늘 색에 따라 교회의 모습도 달라진다.

어둠이 깔리고 눈발이 날리는 길을 걷다 보니, 어느새 '성 알반스 교회'까지 왔다. 1885년 영국인들을 위해 건립한 '성 알반스 교회'는 그리 크지 않지만 코펜하겐에 있는 유일한 성공회 교회라는 의미가 있다. 교회 내부가 스테인드글라스로 예쁘게 장식되어 있어 눈 내리는 겨울 저녁 교회의 모습은 마치 크리스마스 카드에 그려진 그림처럼 포근하고 예쁘다.

드디어 성 알반스 교회 뒤편에 있는 게피온 분수를 만난다. 코펜하겐에서 가장 크고 웅장한 분수다. 덴마크의 유명한 맥주회사 칼스버그가 창립 50주년을 기념해 진행한 프로젝트의 결과물 중 하나인 게피온 분수는 1908년에 덴마크 예술가 안데스 분드가르드가 스칸디나비아 신화 속 안주인이자 다산의 여신 게피온이 황소를 몰고 밭을 일구는 모습을 형상화해 만들었다. 한겨울 어둠 속에서도 황소들의 씩씩거리는 숨결이 뜨겁게 느껴지는 듯하다.

▲ 성 알반스 교회 뒤에 있는 게피온 분수

덴마크 건국 신화와 게피온

아주 먼 옛날 스웨덴의 길피 왕이 여행을 다니다 하루는 동굴에 머물게 되었다. 왕은 그곳에서 옷차림이 남루한 한 여인을 만났다. 그 여인은 오딘을 위해 싸우다 죽은 전사들의 영혼이 머무는 궁전인 발할라에 거주하는 신들의 이야기도 잘 알고, 세상일도 두루 아는지라 길피 왕은 그녀의 이야기에 흠뻑 빠져들어 밤을 지새웠다.

날이 밝자 길피 왕은 길을 떠나기 전에 밤새도록 말동무가 되어준 그 여인에게 답례로 하루 동안 갈 수 있는 만큼의 땅을 주겠다고 했다. 사실 이 여인은 아스가르드에 거주하는 게피온 여신으로, 길피 왕의 제안을 듣자마자 거인과 결혼해 낳은 황소 자식 넷을 데리고 땅을 갈기 시작하더니 스웨덴 쪽 땅을 파내어 서쪽 바다에 갖다 놓았다. 그 섬이 지금의 코펜하겐이 속한 질랜드현재 덴마크 영토이고, 스웨덴 쪽 땅을 파낸 자리에는 물이 고여 말라렌 호수현재 스웨덴 영토가 되었다. 그렇게 해서 지금의 덴마크가 스웨덴에서 분리되었다.

이야기는 여기서 끝이 아니다. 또 다른 덴마크 작품 속에서는 게피온이 덴마크 왕 스콜드와 결혼하고, 덴마크 레이르 지방에서 함께 거주하며 나라를 다스렸다고도 한다. 이런 사정으로 북유럽 신화의 안주인이자 풍요의 상징인 게피온은 결국 스웨덴과 노르웨이를 제치고 덴마크가 차지하게 되었다. 따라서 '게피온 분수'는 덴마크 건국 신화를 작품화하는 동시에 대외적으로 덴마크의 국가 이미지를 강화하는 역할을 하는 셈이다. 그래서 게피온 분수는 덴마크의 번영과 풍요를 상징하는 가장 멋진 작품으로 간주된다.

▲ 밭을 일구는 게피온 여신. 이 벽화는 덴마크 힐레뢰드의 프레데릭스보르 성에 있다.

현재 우리가 알고 있는 게피온에 대한 대부분의 정보는 13세기 아이슬란드 역사가 스노리 스툴루손이 기록한 북유럽 신화 사가Saga를 바탕으로 한다. 스노리의 북유럽 신화에 대한 평가를 무비판적으로 받아들일 필요는 없겠지만 게피온에 대한 그의 설명은 분명 많은 것을 담고 있다.

특히 지상을 풍요롭게 만드는 '번영의 여신'과 '쟁기질'이라는 행위의 관계는 북유럽뿐만 아니라 기독교 이전 시대의 게르민 민족 설화에 공통적으로 나타난다. 일반적으로 지상의 풍요로움을 기원하는 여신들은 언제나 하늘의 신과 '신성한 결혼hieros gamos'을 통해 땅을 비옥하게 만드는 것을 알 수 있다.

이러한 '땅과 하늘의 공생 관계'라는 설화의 가장 기본적 주제는 바이킹 시대에 이르러 그들의 관점에서 재해석되었다. '비옥한 땅'을 염원하는 바이킹들에 의해 고대 유럽에서 사용하던 '밭고랑furrow'이라는 말은 풍요를 상징하는 여신 '표르긴Fjorgyn'으로 재탄생한 것이다. 결국 옛 사람들에게 신화 속 주인공들은 인간의 삶을 다른 형식으로 표현하는 아이콘과 같은 역할을 하고 있음을 알 수 있다.

게피온은 'Gefjun' 또는 'Gefiun'이라고 쓰는데, 모두 '평화와 풍요'의 여신을 가리킨다. 이를 통해 볼 때 북유럽 신화의 주인공들이 모여 있는 아스가르드의 프레이야 여신이 바로 게피온이라는 사실이 자연스럽게 강조될 수밖에 없다. 사실, 프레이야의 다른 이름 중 하나가 바로 게픈Gefn이며, 북유럽 고어인 동사 'gefa'에서 파생된 것으로, 'to give주다', 'Giver주는 사람', 또는 'Generous One관대한 사람'이라는 의미를 가지고 있기 때문이다. 이처럼 게피온은 게르만 신화에 등장하는 어머니 스타일의 여신들, 즉 프레이야Freya와 프리그Frigg, 네르투스Nerthus, 표르긴Fjorgyn, 그리고 요르드Jörd와 시프Sif 같은 다른 여신들과 크게 다르지 않다.

북유럽 신화에서 풍요를 상징하는 '지상의 어머니'는 바로 게르만 정신의 밑바탕에 깔려 있는 신성한 여신이라고 할 수 있다. 그 여신은 인간에게 이롭다면 어떤 형태로든 표현될 수 있고, 현재화될 수 있어야 한다는 사실을 기억하면 좋겠다.

인어공주와 칼스버그

한겨울의 코펜하겐은 다른 북유럽 도시처럼 차갑고 바람은 매서웠다. 오후 5시 정도밖에 되지 않았는데도 거리는 벌써 어두워지기 시작했다. 이제 나는 덴마크의 상징 게피온 분수를 지나, 코펜하겐의 또 다른 상징인 인어공주 동상을 만나러 간다. 인어공주 동상은 조각가 에르바르트 에릭슨의 작품으로, 발레리나였던 그의 아내를 모델로 만들었다고 한다. 아내의 예쁜 다리를 차마 비늘로 만들 수 없었던 그는 인어공주에게 비늘 대신 아름다운 다리를 선물했다. 게피온 분수처럼 인어공주 동상 역시 맥주 회사인 칼스버그가 심혈을 기울여 만든 프로젝트 중 하나다.

독일을 비롯한 유럽 대부분의 나라들은 개성 있는 맥주들을 생산하고 즐긴다. 덴마크에서는 칼스버그Carlsberg 맥주가 유명한데, 칼스버그 맥주 공장은 코펜하겐의 주요 관광 명소로도 인기가 많다. 세계 4위를 할 만큼 유명한 이 맥주의 역사는 172년 전부터 시작됐다. 1847년, 당시 24세였던 창업자 제이콥 크리스티안 야콥센이 독일의 바이에른 맥주를 먹어보고 영감을 얻어 설립한 맥주 양조장이 바로 칼스버그다 칼스버그라는 이름을 짓게 된 과정이 재미있다. 아들인 '칼Carl'의 이름에 독일 맥주 이름에 많이 붙는 '버그Berg'를 붙여 '칼스버그Carlsberg'라는 이름을 지었다는 것이다.

우리가 칼스버그에 관심을 갖는 이유가 비단 맥주 맛 때문만은 아니다. 칼스버그는 세계적인 기업으로 성장하면서 기업의 사회적 윤리, 즉 사회적 역할이 어떠해야 하는가를 잘 보여주는 회사이기 때문이다. 170년이 넘는 동안 누구보다 열심히 사회 공헌을 해온 칼스버그, 그 중 가장 대표적인 사업이 바로 덴마크 문화 개발을 위한 투자였다.

코펜하겐에 있는 왕궁 재건은 물론 코펜하겐 식물원을 개설해 식물 관람과 연구를 지원했다. 뿐만 아니라 덴마크 문화의 총본산으로 활용 가능할 정도로 다양한 문화 박물관 건립에도 집중했다. 가장 대표적인 것이 코펜하겐에 '글립토테크Glytotek'미술관을 구축한 것이다. 미술관은 국립박물관과 겨누어도 손색이 없을 정도로 높은 수준을 자랑한다. 이 외에도 코펜하겐에는 크고 작은 디자인 박물관들이 있는데, 대부분 칼스버그 지원으로 운영되고 있을 정도다.

그중에서도 가장 큰 효과를 본 것은 칼스버그 설립 50주년 기념으로 제작한 인어공주 동상과 게피온 분수일 것이다. 물론 친구이자 인어공주 원작자인 안데르센과의 우정도 크게 작용했겠지만, 누가 뭐라고 해도 코펜하겐을 상징하는 아이콘을 만들어 냈다는 점에서 특기할 만하다.

그뿐 아니라 칼스버그는 학문적 연구를 진작시키기 위한 투자도 게을리하지 않았다. 특히 덴마크 정부와 칼스버그 재단은 양자물리학의 거두인 닐스 보어를 적극 후원했다. 그 덕분에 닐스 보어는 1921년 이론물리학 협회를

▲ 코펜하겐을 상징하는 인어공주 동상, 칼스버그 50주년 기념으로 만들었다.

만들었고, 1922년에는 원자 구조와 원자에서 나오는 복사 에너지의 발견으로 노벨상을 받는 쾌거를 이루었다.

기업이 단순히 부를 축적하는 것에만 혈안이 되어 있다면 그것은 소비자에 대한 폭거이며 방종과 다를 바가 없을 것이다. 그런 면에서 칼스버그는 사회적 기업으로서 사회자본의 역할을 잘 보여주는 좋은 사례라고 할 수 있다. 물론 제이콥이 열정적인 예술품 수집가였기에 이런 사업이 가능했을지도 모른다. 그러나 부의 사회적 환원에 대한 인식이 갖추어지지 않고서는 불가능한 일이다. 현재 덴마크가 문화 강국의 자리를 차지할 수 있게 된 것은 칼스버그의 문화 프로젝트 덕분 일지도 모른다.

문화사업과 학술연구 지원, 이 두 가지는 국가의 장래와 인간의 미래를 위해 가장 기본적으로 선행되어야 하는 투자임에 틀림없다. 그걸 다른 기업도 아닌 칼스버그가 한 것이다. 덴마크의 맥주회사, 우리나라 기업과는 달라도 너무 다르다. 인어공주 동상을 스치는 한겨울의 코펜하겐 바람은 많은 생각을 하게 만든다.

Tip

뉘 칼스버그 글립토테크 미술관

북유럽의 다른 지역을 가기 위해 코펜하겐을 경유하는 경우, 보통 반나절 정도 머무르게 된다. 이때는 그냥 공항에서 기다리기보다 가차를 타고 시내로 나가 '뉘 칼스버그 글립토테크 미술관Ny Calsberg Glyptotek'을 찾으면 아주 좋다.
칼스버그 창립자의 아들이자 대단한 수집광이었던 '칼 야콥센'이 틈틈이 수집한 만여 점의 조각품과 회화작품이 전시되어 있는 뉘 칼스버그 글립토테크 미술관은 개인 박물관치고는 그 규모가 엄청난 곳이다.

· 홈페이지_www.glytoteket.dk

키에르케고르의 소원, 그리고 '휘게'

덴마크를 상징하는 아이콘 몇 가지가 있다. 그중 '휘게Hygge'라는 단어는 덴마크가 행복지수 1위 국가라는 명예를 얻는 데 큰 역할을 했다. 덴마크 사람들의 인생관을 가장 잘 표현한다고 알려진 휘게는 내 마음이 편할 때 진정한 자유를 누릴 수 있다는 의미가 있다. 덴마크 사람들은 휘게라는 단어를 가지고 있다는 그 자체만으로도 기분 좋은 일이라고 말한다. 그렇다면 덴마크 사람들에게 휘게는 얼마만큼의 행복을 가져다주는 말일까? 그것을 알려면 덴마크의 철학자 키에르케고르부터 만나야 한다.

덴마크의 철학자 키에르케고르는 그의 시 「신이 내게 소원을 묻는다면」에서 우리에게 '죽음에 이르는 병'에서 벗어나 스스로 '뜨거운 열정'과 세상을 바라볼 줄 아는 '생생한 눈'을 갖기를 충고한다. 키에르케고르의 이런 충고는 자연스럽게 '휘게'를 떠올리게 한다.

신이 내게 소원을 묻는다면
나는 부나 권력을 달라고 하지 않겠다
대신 식지 않는 뜨거운 열정과
희망을 바라볼 수 있는
영원히 늙지 않는 생생한 눈을 달라고 하겠다
부나 권력으로 인한 기쁨은
시간이 지나가면 시들지만
세상을 바라보는 생생한 눈과
희망은 시드는 법이 없으니까

– 키에르케고르, 「신이 내게 소원을 묻는다면」

주변의 문제가 해결되어야 나 자신이 자유로울 수 있음을 알고 있는 덴마크 사람들. 그래서 키에르케고르는 이미 19세기 말 루터파 개신교의 무의미한 형식주의를 비판하고 나섰던 것이다. 마치 예전 루터가 가톨릭의 형식주의를 비판했던 것처럼 신앙의 본질, 특히 교회 제도와 기독교 윤리 문제 등 개인이 직면하게 되는 여러 종교적 문제를 교회가 올바로 제시하지 못하고 있음을 신랄하게 비판했다.

개인이라는 존재 자체가 이미 우주적인 가치를 지니고 있기에, 조직의 힘으로 기독교의 권위와 형식을 강조하는 그 어떤 행위도 거짓으로 보았던 키에르케고르. 그는 집단이 조직의 힘을 빌어 어떤 권위와 역량을 행사한다면 그것은 종교를 빙자한 부패한 권력과 다를 바 없다고 생각했다. 그래서 각자가 스스로 종교적 잠재력과 역량을 가지고 신 앞에 나가기를 바랐다. 이런 그의 생각은 바로 오늘날 한국 교회가 가장 귀담아 들어야 하는 말일지도 모르겠다.

말년에 기독교 조직을 공격한 키에르케고르는 "기독교계는 세속화되고 정치화되었다."고 하면서, 특히 "국가가 설립한 국립 교회는 개인에게 해롭다."고 주장했다. 개인의 선택이 아닌 강요에 의한 종교라는 점 때문이었다.

국가가 종교를 국교로 삼을 때는 단순히 개인적 구원의 문제뿐 아니라 사회 통합을 위한 수단으로 발전해 갈 수 있느냐 하는 문제와 직결되기에 중요할 수밖에 없다. 따라서 종교 문제는 언제나 갈등의 소지를 안고 있다. 물론 종교를 바탕으로 사회가 서로 신뢰할 수 있게 되고 거리감을 줄이게 된다면 그보다 더 좋은 기능은 없다고 할 수 있다.

▶ 코펜하겐 시내 중심가에 있는 한 교회는 신자 감소로 레스토랑으로 바뀌었다.

그런 면에서 북유럽 국가들의 공통점은 바로 종교를 통해 국가와 국민 간에 신뢰를 확립할 수 있었다는 것이다. 이를테면 덴마크가 개인 채무 세계 1위의 부채 국가인 동시에 상위 15%가 전체 부의 90% 이상을 소유하고 있는 극단적인 빈익빈 부익부 구조를 보여주는 국가임에도 불구하고 신기하게도 '행복지수 1위 국가'라는 자리에 여러 해 동안 오르는 영예를 차지했다. 혹자는 '행복지수 1위'라는 숫자에만 매료되어 그야말로 모든 것이 진짜 1등 국가인 것처럼 덴마크를 칭송하는 잘못을 범하기도 했다.

그러나 2017년도에는 노르웨이가 1위를, 2018년도에는 핀란드가 1위를 차지하면서 덴마크는 2위, 3위로 점차 밀려나고 있다. 덴마크의 정치경제적 상황 때문에 짐점 디 밀려날 것으로 예상된다.

국가는 국민들이 지키고 따라야 하는 기본적인 의무 조항을 제외한 그 어떤 불필요한 제약을 가하는 일이 없도록 사회적 환경을 조성하는 노력을 해야 한다. 사회적 환경이 잘 되어 있으면 있을수록 개인의 자유는 상대적으로 높아질 수밖에 없고 이때 휘게를 외칠 수 있게 되는 것이다. 그런 면에서 덴마크 국민들이 진정 휘게를 외칠 만큼 현재가 만족스러운지는 의문이다. 더구나 덴마크 식민지인 페로 제도와 그린란드에 대한 비인간적 정책은 현재 외교 무대에서도 문제가 되고 있다.

오랜만에 다시 찾은 코펜하겐, 진눈깨비가 내리는 도시를 걷는데 거리의 쇼윈도에는 한겨울의 한파가 느껴지지 않는다. 거리에는 안데르센의 동화 속 키다리 아저씨 같은 따스함이 가득했다. 그러다 코펜하겐 시내 한복판 교회 한쪽 모퉁이에 그린란드 초대 총독이자 선교사였던 한스 에게드 부부를

▶ 코펜하겐의 이중성을 떠올리게 하는 그린란드 초대 총독인 한스 에게드 부부의 기념 동판

기념하는 동판을 보는 순간 코펜하겐의 이중성을 다시금 떠올리게 되었다. 18세기 초반부터 수백 년이 지난 지금까지, 덴마크 식민지로 있는 그린란드와 페로 제도, 그리고 식민지였던 아이슬란드까지. 그동안 그들 나라에 식민지 역할을 강요했던 덴마크를 어떻게 평가할 수 있을까. 식민지 국민들에 대해 덴마크 국민과는 다른 차별적인 대우를 함으로써 자신들의 휘게를 지킨 것은 아니냐는 비난을 면하기 어려울 것이다.

그 대표적인 예가 1953년부터 덴마크 국민으로 편입된 그린란드 이누이트 족의 자살률이다. 자살률 세계 1위라는 오명을 얻게 된 이누이트 족은 같은 노동 조건에서 임금은 덴마크인의 절반이 조금 넘는 수준밖에 받지 못했다. 이러한 사실은 과연 휘게를 위한 덴마크의 사회적 자산의 근거가 어디에서 기인한 것인지를 암시한다. 그러면서 오늘날의 덴마크와 그린란드, 한국과 일본의 관계가 묘하게 대비되었다. 키에르케고르가 살아있다면 이에 대해 무엇이라 했을까? 그 대답이 궁금하다.

짙은 안개에 파묻힌 코펜하겐, 시청사 꼭대기에 올라 시내를 바라보며 덴마크에 대해 내가 가진 고정 관념은 어디까지인지 고민했다. 절대군주가 지배하는 나라 특유의 은밀한 권위주의에, 희생을 전제로 한 그들만의 휘게, 덴마크에 대한 갖가지 상념들이 코펜하겐의 안개 속에서 넘실대며 춤을 추었다.

▲ 시청사 전망대에서 바라본 코펜하겐 시가지

안데르센의 고향, 오덴세

덴마크를 대표하는 작가 안데르센, 그는 덴마크의 중부 지방인 오덴세에서 태어났지만 중년 이후 대부분의 시간을 코펜하겐 뉘하운에서 보냈다. 그러다 보니 뉘하운에는 그가 살았던 집이 세 채나 된다. 처음 입주해 살았던 20번지와 1845년부터 1864년까지 살았던 67번지, 그리고 말년에 2년간 살았던 18번지 집이다. 특히 안데르센이 젊은 시절 글을 쓰며 20년을 보낸 뉘하운 67번지 집은 그를 추모하는 기념관으로 꾸며 놓았다. 그러니 뉘하운 거리에서 잠시 차 한잔을 마실 여유가 있다면, 젊은 시절 이곳에 자리잡고 출세를 위해 몸부림쳤던, 안데르센의 지난 시간들을 떠올려보는 것도 좋을 것이다.

만약 안데르센에 대해 더 알고 싶다면 그가 태어난 고향 오덴세로 가보자. 코펜하겐에서 기차로 한 시간 정도면 도착하는 오덴세에 가면 안데르센의 작품과 물건들을 전시한 박물관을 관람할 수 있다.

한스 크리스티안 안데르센Hans Christian Andersen, 1805~1875, 그가 서거한 지 143년이 지났다. 그 사이 그의 동화책은 성경책 다음으로 많이 팔렸다. 안데르센

▲ 오덴세에 있는 안데르센 박물관 전경

동화책이 세계 150개 이상의 언어로 번역되어 전파되었다고 하니 그럴 만도 하겠다.

할머니는 병원 청소부, 아버지는 구두수선공, 어머니는 세탁부로 일을 해야 했던 안데르센은 11살에 갑자기 아버지가 돌아가시면서 어린 나이에 공장 일을 시작해야 했다. 그리고 이런 가난했던 유년기의 기억은 언제나 그에게 많은 영향을 끼쳤던 것 같다.

1819년, 14살의 안데르센은 연극배우가 되고 싶어 코펜하겐으로 떠났지만, 그의 꿈은 실현되지 못했다. 그러나 하나의 문이 닫히면 또 다른 문이 열리듯 그는 후원자를 만나 뒤늦게 정규 교육을 받을 수 있게 되었다. 1828년, 23살에 코펜하겐 대학교에 입학한 그는 몇 편의 희곡과 소설을 쓰면서 작가로서의 재능을 드러내기 시작했다. 대학 졸업 후 독일과 프랑스, 이탈리아 여행을 한 그는 다시 코펜하겐으로 돌아와 뉘하운 20번지에 둥지를 틀었다.

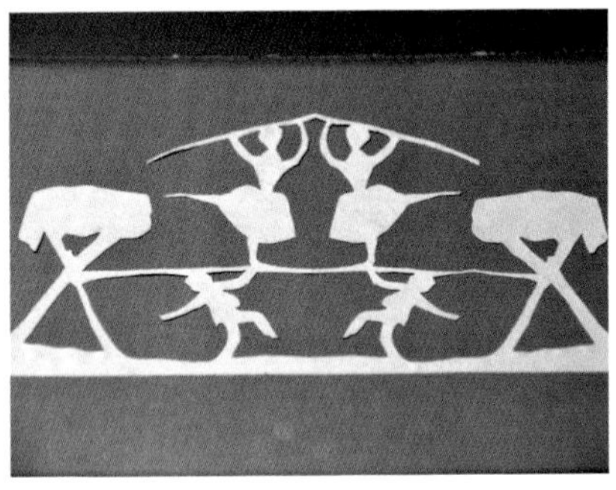

▲ 안데르센이 직접 만든 종이 공작 작품들

1834년 그곳에서 드디어 그의 첫 번째 자전적 소설 「즉흥시인」을 발표했다. 이듬해인 1835년 5월 8일 「아이들을 위한 동화」라는 제목으로 첫 번째 동화집을 발간한다.

사실 첫 동화집을 발간하면서 안데르센은 고민에 빠졌다. 과연 이 이야기들을 문학 장르라고 해야 할지, 그리고 자신을 소설가라고 해도 될지. 그러다 작은 소책자가 '동화'라는 장르로 불리게 되면서 안데르센의 명성은 높아졌고, 유명 작가로 자리를 잡는 계기가 되었다. 그 후 안데르센은 175편에 달하는 동화와 14편의 소설과 단편소설, 50여 편의 희곡과 12편의 여행기, 그리고 800여 편의 시와 일대기 등 엄청난 양의 작품을 남긴다. 동화책 표지와 삽화도 대부분 그가 직접 그렸다.

이처럼 작가로서 거대한 상상력을 소유한 안데르센. 그는 그것을 자신에게 주어진 위대한 신의 선물인 동시에 또한 저주라고 생각했다고 한다. 이러한 그의 생각은 1855년 친구인 에드바르드 콜린에게 보낸 편지에서 알 수 있는데, 그는 편지에서 "나는 모든 것이 흐르는 물처럼 모두 내게 그렇게 흘러드는 것을 느낀다. 모든 사물은 내게 거울처럼 반사되어 비치고 있어. 이런 것들은 반드시 내가 창의력을 발휘해 독자들에게 즐거움과 기쁨을 줄 수 있는 글을 쓰라는 위대한 신의 명령으로 느끼고 있다네."라고 말할 정도였다.

원래 연극배우가 되어 무대에 서기를 원했던 그는 환경 때문에 그 꿈을 포기해야 했다. 그러나 그는 꿈이 무너졌다고 포기하는 대신 희곡을 쓰기 시작했고, 희곡이 보잘 것 없다는 평가를 받자 그 다음엔 시인이 되려 했다. 그 다음에는 소설가를 꿈꾸었고 마침내 동화 작가로 성공하게 되었다. 결국 그는 삶을 통해 미운 오리 새끼도 백조가 될 수 있음을 증명한 것이다.

안데르센과 같은 시대에 독일에서는 괴테와 하이네, 그림 형제가 활약하고 있었다. 프랑스에서는 빅토르 위고가, 영국에는 바이런과 디킨스가 유명세를 떨치고 있었다. 안데르센은 이 사람들과 달리 동화 장르의 작품을 쓰고 있었기에 그 당시 비평가들은 안데르센에게 "아이들에게 빵 부스러기나 받으며 만족해하는 것은 좀 한심하지 않은가. 날개를 퍼덕이며 창공을 향해 높이 날아가면 좋을 텐데."라고 비아냥거리기도 했다.

그러나 지금, 그의 사후 144년 동안 그는 한갓 빵 부스러기나 주워 먹는 한심한 안데르센이 아니라 전 세계가 사랑하는, 창공을 높이 나는 안데르센으로 자리했고, 성경책 다음으로 가장 많이 팔린 책을 가진 사나이가 되었다.

▲ 오덴세의 평범한 주택가 벽에 그려진 안데르센의 초상화

▲ 코펜하겐 시청사 근처, 세계 최초의 어린이 공원인 티볼리 공원을 바라보고 있는 안데르센 동상

사랑도 못 해본 남자,
안데르센

어느 정도 글을 쓰면서 입에 풀칠을 하게 된 안데르센은 조금씩 사교계 출입을 하기 시작하자 다른 작가들과의 교류나 문화계 인사들 모임에 자주 참석했다. 그러던 어느 날, 스웨덴 출신의 세계적 오페라 가수 제니 린드Jenny Lind가 코펜하겐으로 공연을 하러 온다.

그녀를 보는 순간 그만 첫눈에 사랑에 빠지고 만 안데르센. 제니의 공연을 지켜보며 한숨만 짓던 안데르센은 마침내 제니에게 사랑을 고백한다. 제니를 만나고 거의 2년이 지난 1845년의 일이있다. 그러나 제니는 코펜히겐에서 공연을 마친 후 사람들과 회식을 하는 자리에서 선언한다. "모든 덴마크 사람들 중에 딱 한 사람을 나의 오빠로 정할 것입니다."라고. 그리고 안데르센을 가리켰다. 그녀는 연인이 아니라 자신을 사랑해주는 따뜻한 마음씨를 지닌 오빠로서 안데르센을 선택한다고 선언한 것이다. 한 마디로 그녀만의 방식으로 안데르센의 고백을 멋지게 거절 한 것이다. 다른 사람들이 보기엔 안데르센이 제니보다 나이가 15살이나 많으니 '오빠'라고 해도 이상할 게 없는 상황이기도 했다. 결국 제니는 안데르센에게 쓰디쓴 사랑의 기억만 남겨두고 얼마 후 스웨덴으로 돌아가고 말았다.

물론 이후에도 안데르센은 여러 번 사랑에 빠졌고, 때론 결혼하고픈 욕망을 실현시킬 뻔도 했지만 언제나 그의 출신 성분, 특히 당시 그의 사회적 지위와 소득의 미천함 등이 상대적으로 그의 동료나 친구들 세계에서 소외감을 느끼게 했다. 따라서 그에게 지체 높은 문화계 인사들과의 교류, 특히 그들과 연인 관계를 맺는다는 것은 계급성이 강한 덴마크 사교계에서 그에게 어울리지 않는 호사스러운 옷이었을지 모른다.

그러나 그의 소외된 사회생활 덕분에 오히려 안데르센의 동화는 더욱 숙성해지고 깊이를 더하게 되었다. 그의 서글픈 삶은 그에게 또 다른 동화의 좋은 소재로 작용했기 때문이다. 역시나 안데르센은 사랑보다 글쓰기가 더 쉬웠던 건지도 모르겠다.

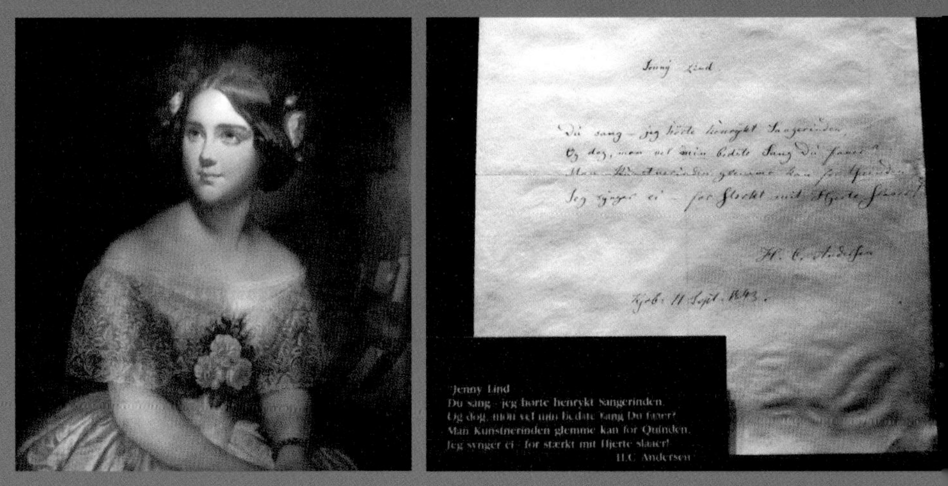
Jenny Lind
Du sang - jeg hørte henrykt Sangerinden.
Og dog, mon vel min bedste Sang Du faaer?
Man Kunstnerinden glemme kan for Qvinden.
Jeg synger ei - for stærkt mit Hjerte slaaer!
H.C. Andersen

▲ 안데르센이 사랑했던 스웨덴의 오페라 가수 제니 린드(왼쪽)와 그녀에게 보낸 편지(오른쪽)

덴마크의 수호신,
홀거 단스케

크론보르 성

"To be, or not to be. That is a question!"

셰익스피어의 유명한 고전 속 주인공 '햄릿'의 외침이 들릴 것 같은 곳, 크론보르 성Kronborg Castle. 셰익스피어는 크론보르 성에서 햄릿의 운명적 죽음을 그렸다. 그래서 많은 사람들이 크론보르 성을 찾는다. 그러나 이곳을 「햄릿」의 무대로만 본다면 크론보르 성의 진면목을 놓칠 수 있다. 크론보르 성에는 햄릿 외에도 덴마크를 지키는 수호신 '홀거 단스케'가 잠들어 있기 때문이다.

1420년에 지어진 크론보르 성은 성에서 4km 떨어진 외레순 해협 건너편에 자리한 스웨덴 헬싱보리Halsingborg와 인접해 있어 덴마크와 스웨덴의 심리적 경쟁이 치열했던 곳이다. 덴마크는 1429년부터 크론보르 성 앞의 외레순 해협을 통과하는 선박들을 최첨단 무기로 위협하며 통행세를 징수했다. 이는 실질적으로 스웨덴을 향한 것이었다. 급기야 덴마크 왕 프레데릭 2세Frederick II, 1534~1588는 크론보르 성으로 아예 거주지를 옮겼다고 하니, 덴마크에서 크론보르 성이 군사적으로나 정치적으로 얼마나 중요했는지 짐작할 수 있다.

▲「햄릿」의 무대가 된 크론보르 성

이러한 역사적 배경을 바탕으로 20세기 초, 전설적인 덴마크의 수호신 '홀거 단스케'의 안식처가 이곳 크론보르 성에 마련되었다. 당시 동상은 안데르센이 1845년 발표한 동화「홀거 단스케Holger Danske」를 바탕으로 제작되었다.[1]

안데르센의 동화에서부터 예술 작품에 이르기까지 많은 분야에서 그 위용을 드러내고 있는 홀거 단스케. 그러니 크론보르 성을 찾는다면 잠시 셰익스피어의 햄릿은 잊는 것이 어떨까.

---

1 북유럽에서 홀거 단스케를 전설적 인물로 묘사한 작품은 1510년경에 고대 게르만어로 쓴 산문 번역집「Karlamagnús saga」에서, 처음으로 'Oddgeir danski'가 등장하면서부터다. 그 후 1534년에 크리스티에른 페더슨이 이 이야기를 덴마크어로 정리해「Kong Olger Danskes Krønike」를 발표했다.

전설적 바이킹 '홀거 단스케'

우리에게는 생소하지만, 덴마크 사람들에겐 누구보다 잘 알려진 홀거 단스케. 그는 실제 노르망디를 지배하던 바이킹의 수장으로, 덴마크와 영국간 전쟁이 벌어지자 덴마크로 돌아와 전투를 승리로 이끈 덴마크의 영웅이다. 홀거 단스케 또는 오지에르라고 부르는 그는 9세기 초 프랑크 왕국의 샤를마뉴Charlemagne, 742~814가 공격해 왔을 때도 용감히 싸워 이름을 날리며 덴마크 기사도의 상징이 되었다.

하지만 홀거 단스케의 역사는 잘 알려져 있지 않다. 그에 관한 대부분의 정보는 전설과 신화에 근거할 뿐이다. 영웅 홀거 단스케에 관한 내용은 13세기를 전후한 샤를마뉴 통치 기간 동안 전개된 론세스바예스 전투를 기반으로 한 서사시「롤랑의 노래 La chanson de Roland」에 어느 정도 수록되어 있다.

프랑스와 스칸디나비아 신화에 따르면, 홀거 단스케는 8세기에 덴마크에서 첫 번째로 기독교로 개종한 제프리Geoffrey 왕의 아들이다. 그는 어린 시절부터 위대한 전사가 되도록 훈련을 받았는데, 키가 매우 커 약 2m 13cm에 이르렀다고 한다.

또 다른 전설에 따르면, 그는 요정 모르가나가 준 마법의 검을 들고 있었다고 한다. 마법의 검을 지닌 그는 무슬림이 덴마크 영토를 침범했을 때 프랑크 왕국의 왕자 샤를 마르텔Charles Martel, 688~741과 힘을 합쳐 승리를 이끌었다고 전해진다.

이처럼 홀거 단스케에 관한 전설이나 이야기들은 정확하게 전해지는 것이 없다. 각기 다른 시대에 다른 모습을 보여주고 있는데, 이를 정리한 것이 안데르센의 동화「홀거 단스케」다.

"그는 철로 만든 갑옷을 입고 머리를 조금 숙인 채 강인해 보이는 두 팔뚝을 모으고 고요히 앉아 있다. 그의 수염은 대리석 테이블 위에 닿을 정도로 길게 늘어져 있으며, 그의 곁에는 오랫동안 그를 지켜준 묵직한 방패가 함께 놓여 있다. 그는 분명 잠들어 있지만 꿈을 꾸는 듯한 모습이 아주 평화로워 보인다. 그는 꿈속에서 덴마크에서 일어나는 모든 일들을 보고 있다. 심지어 크리스마스이브에 천사가 찾아와 그가 꿈에서 본 것들이 모두 사실이며 덴마크가 아직 위험에 처해 있지 않기 때문에 계속 잠을 자도 괜찮다고 말한다. 하지만 언제든 위험이 발생하면 홀거 단스케는 두 눈을 부릅뜨고 몸을 일으켜 세우고 테이블 아래로 늘어진 수염을 휘날리며 자리를 박차고 분연히 일어설 것이다."

– 안데르센의 「홀거 단스케」 중에서

안데르센은 홀거 단스케를 단순히 전설 속 인물이 아닌, 덴마크 사람들 곁에 살아 숨쉬는 덴마크의 수호천사로 묘사했다. 그래서 "홀거는 결코 죽지 않았다."는 동화 속 구절은 지금까지도 덴마크 사람들에게 호응을 받고 있고, 새로운 영감의 원천이 되고 있는 것이다.

강철로 만든 전신 갑옷을 입고 잠자고 있는 영웅 홀거 단스케, 그는 의자에 앉아 머리를 팔에 기댄 채 덴마크의 꿈과 미래를 주시하고 있다. 더구나 덴마크가 위기에 처할 경우 덴마크를 구하기 위해 크론보르 성 지하에서 자리를 박차고 일어날 것이라고 예언까지 했다고 하니 덴마크 사람들의 수호천사로 이보다 훌륭하고 멋진 기사가 또 어디에 있을까?

홀거 단스케의 새로운 안식처

2013년, 덴마크 서쪽 끝 유틀란트 반도 북부에 위치한 작은 마을 스키에른Skjern의 기업들과 주민들은 홀거 단스케 동상을 그들이 사는 마을에 세우자고 결의했다. 그러나 이를 실행하는 것은 생각처럼 쉽지 않았다. 그들은 동상을 새로 제작하는 것이 아니라, 크론보르 성 인근에 위치한 마리엔리스트 호텔 앞의 홀거 단스케 청동상을 사오려고 했기 때문이다.

잠깐, 여기서 한 가지 짚고 넘어가야 할 게 있다. 앞에서 크론보르 성 지하의 홀거 단스케 동상에 대해 이야기했다. 그런데 왜 갑자기 마리엔리스트 호텔 앞 홀거 단스케 동상을 이야기하는 것일까. 의아해할 수 있다. 여기에는 한 가지 사연이 있다.

사실 크론보르 성 지하에 있는 홀거 단스케 동상은 1907년 마리엔리스트

▲ 크론보르 성 지하에 설치된 홀거 단스케 석고상

호텔에서 주문 제작한 청동상의 '석고상'이다. 당시 마리엔리스트 호텔의 주문을 받아 홀거 단스케의 청동상을 제작한 조각가 한스 페데르센 단은 석고로 기본 원형을 만든 후 청동상을 제작했다. 그리고 그 석고상을 크론보르 성 지하실에 옮겨 설치했다. 그러다 1985년에 석고상이 습기로 인해 파손되자 콘크리트로 다시 제작해 크론보르 성 지하실에 전시했던 것이다. 따라서 진짜 동상은 마리엔리스트 호텔에 있는 청동상인 셈이다. 스키에른 사람들은 바로 이 홀거 단스케 청동상을 마을로 옮겨 오려고 한 것이다.

2013년 4월, 마침내 마리엔리스트 호텔 앞의 홀거 단스케 동상을 스키에른의 한 사업가가 320만 크로네[한화 약 6억 원]에 구입했다. 그렇게 홀거 단스케 동상은 스키에른의 광장으로 옮겨오게 되었다. 이후 스키에른 사람들은 홀거 단스케 동상을 덴마크의 수호신으로 소중히 여기게 되었다. 이로써 스키에른에 홀거 단스케의 진짜 안식처가 마련된 것이다.

▲ 2013년에 마리엔리스트에서 덴마크 서쪽 끝 마을 스키에른으로 옮겨진 홀거 단스케 청동상

죽은 자들의 도시, 로스킬데

덴마크에 대한 이해

북해와 발트 해 사이, 443개의 크고 작은 섬들로 이루어진 나라 덴마크. 현재까지 발굴된 고고학적 유물들을 살펴보면, 덴마크 지역에 인간이 활동한 흔적은 10만 년 전까지 거슬러 올라간다. 구석기 시대와 신석기 시대가 겹치는 B.C. 1만 년에서 B.C. 1500년 사이에 덴마크 주민들은 사냥이나 고기잡이로 생계를 유지했고, 점차 농사를 지으며 정착생활을 했을 것으로 추정된다. B.C. 500년경에는 농경을 주로 하는 '앵글Angles'과 '유트Jutes' 부족이 처음으로 집단 부락을 형성했다.

어떤 학자는 덴마크 사람들이 원래 스웨덴 지역에 살던 데인족Dane인데 추운 곳을 떠나 따뜻한 남쪽인 덴마크로 넘어와 정착했다고 주장하기도 한다. 그러나 실제로 덴마크 역사가 얼마나 오래되었는지, 덴마크 지역에 거주했던 원주민이 정확히 누구인지에 대한 논쟁은 별로 중요하지 않다. 오히려 바이킹 시대를 지나 지금의 국가를 형성하고 발전해온 그 과정을 중심으로 덴마크를 이해하는 것이 좋다. 역사 발전 과정에서 나타나는 사회 변동 현상 역시 그 사회의 문화와 사회 구조의 형성과도 직접적인 관계를 지니고 있기에 중요한 관심의 대상이다.

그런 면에서 덴마크의 역사 발전 과정은 참으로 특이하다. 스칸디나비아 국가들의 공통점을 가진 동시에 근대 국가로 발돋움하면서 나름대로 덴마크만의 고유한 문화적 발자취를 지니고 있기 때문이다.

북유럽을 관통하는 문화적 기본 틀은 공통의 북유럽 신화를 공유하고 있다는 것과 바이킹이라는 역사적 과정을 함께 겪어왔다는 사실이다. 스칸디나비아가 바이킹 시대를 통해 북유럽만의 문화를 형성하면서 그들만의 사회 구조를 형성할 수 있었던 것은 바로 스칸디나비아의 문화적 전통 때문이다. 따라서 바이킹에 대한 관심과 문화는 여전히 그들 삶의 가장 큰 동력으로 자리하고 있고, 오늘도 바이킹에 대한 관심과 열정은 그들에게 중요하다. 나아가 덴마크를 더 자세히 알기 위해서는 로스킬데의 위상을 이해하는 것도 중요하다. 로스킬데의 의미를 알게 된다면 바이킹과 덴마크 역사를 더 쉽게 이해할 수 있을 것이다.

로스킬데의 영혼들

로스킬네 대성당은 코펜하겐에서 자동차로 30분 정도 거리에 있다. 12~13세기 스칸디나비아 지방의 초기 고딕 양식과 로마네스크 양식을 대표하는 건축물인 이 성당은 15세기부터 덴마크 왕실의 묘지로 사용하고 있는 곳이다. 특히 북유럽에서 벽돌을 사용해 지은 초창기 고딕 양식의 교회 건물로 다른 북유럽 지역의 성당 건축에 벽돌을 사용하는 데 영향을 미쳤다. 한편 로스킬데 대성당이 왕실 묘지로 사용되면서 부족해진 기도와 예배 공간을 확보하기 위해 정문 옆에 예배당을 증축했다. 이는 균형 있는 교회 증축이라는 점에서 건축학적으로 높이 평가받는 부분이다. 1995년에는 유네스코 세계문화유산으로 등재되었다.

▲ 1995년 유네스코 세계문화유산으로 등제된 로스킬데 대성당

로스킬데Roskilde는 960년경 하랄 왕조를 일으킨 하랄드 블라톤Harald Blåtand, 935년경~986년경 왕이 이곳을 덴마크의 새로운 수도로 지정하면서 역사가 시작된다. 이전까지 덴마크의 수도는 덴마크 남쪽, 바일레 주에 위치한 옐링Jelling이었다. 하랄드 블라톤 왕은 왕권을 잡은 초기에 옐링에 거주하며 교회를 세우고 옐링의 발전을 위해 노력했다. 그래서 옐링 지역의 유적지에서는 고분과 고대 북유럽 문자인 룬 문자가 새겨진 비석을 볼 수 있다.

이후 덴마크는 노르웨이와 연합한 후 두 나라의 지배를 쉽게 하기 위해 새로운 수도를 필요로 하게 되었다. 그곳이 바로 로스킬데였다.

로스킬데로 수도를 옮긴 블라톤 왕은 가톨릭 신도로서의 위용을 과시하기 위해 980년에 성당을 지었는데, 그 성당이 바로 로스킬데 대성당이다. 처음에는 목조 건물로 세웠으나, 1030년과 1080년 두 번에 걸쳐 두 개의 돌기둥을 덧붙여 개축했다. 또한 12세기 중반 롬바르디아 장인들이 덴마크에 벽돌 제조법을 보급하자 1170년에 당시 로스킬데 대주교였던 압살론이 벽돌로 성당을 재건축했다. 재건축은 장기간 이어지다가, 1275년경에 1차 완공이 되고 100여 년이 지난 후 대부분이 완공 되었다.

일설에 의하면, 986년경 블라톤 왕이 전장에서 사망하자 그의 시신을 로스킬데 대성당에 안치했다고 한다. 그러나 성당 어디에서도 그의 무덤은 볼 수 없다. 다만 로스킬데 어딘가에 묻혀 있을 것으로만 추정될 뿐이다.

코펜하겐이 덴마크의 수도로 정해지는 1416년까지 로스킬데는 오랫동안 덴마크의 수도로서 위상과 위용을 뽐냈다. 그런 의미에서 로스킬데 대성당은 덴마크 옛 수도이자 왕족의 권위를 나타내는 상징적 역할을 한다. 또한 죽은 자들을 위해 산 자들이 경배를 드리는 제단이라는 생각이 들었다.

▲ 로스킬데 대성당에는 덴마크와 노르웨이 왕이었던 프레데리크 5세의 석관이 있다.

로스킬데 대성당의 보물들

로스킬데 대성당에 마련된 전시실에서는 로스킬데의 지난 역사에 대해 설명한 패널들을 볼 수 있다. 그중 눈에 띄는 패널이 압살론 주교에 대한 소개글이다. 압살론Absalon, 1128~1201, 또는 '악셀Axel'로 부르기도 하는 그는 바이킹 시대가 끝나가는 1158년에서 1201년까지 43년간 당시 덴마크 수도였던 로스킬데 교구의 대주교로 지내며, 덴마크 정치를 좌지우지하는 정치가로서 면모를 과시했다.

그는 발트 해의 영토 확장을 획책하고 로마 교회와 긴밀한 관계를 유지하면서 독자노선을 다졌다. 그 결과 코펜하겐이 지금의 덴마크 수도로 자리 잡을 수 있도록 토대를 마련하는 데 지대한 공헌을 한 덴마크 정치의 핵심 인물이 되었다. 이러한 이유로 압살론은 12세기 후반 덴마크의 가장 유명한 정치가이자 교회의 수장으로 활약하며 '코펜하겐의 아버지'로 불린다.

또한 그는 당시 교회와 대중 간의 관계를 개혁하고 발전시키려는 덴마크 사회 발전 정책의 핵심 인물이기도 했다. 뿐만 아니라 덴마크를 위협하는 외부의 적들과 전투를 하며 국권을 수호하는 임무도 수행했다. 이에 코펜하겐의 가장 번화가이자 왕실이 사용하던 크리스티안스보르 궁전지금은 국회와 대법원, 수상 집무실로 이용 인근 호브로 광장에 세워진 그의 동상은 성인의 모습이 아니라 바이킹 전사처럼 도끼를 들고 말 탄 모습으로 세워졌다. 이외에도 코펜하겐에는 압살론 대주교를 기리는 장소가 있는데, 바로 코펜하겐 시청사 건물 중앙 입구 위에 붙어있는 기념 동판이다. 이 기념 동판에서는 바이킹 전사 같은 동상과는 다르게 로스킬데의 대주교로서 성스런 복장을 한 모습을 만날 수 있다.

▲ 코펜하겐 호브로 광장에 있는 압살론 대주교의 동상(왼쪽)과 코펜하겐 시청사에 부착 된 기념 동판(오른쪽)

그러나 정작 로스킬데 대성당에는 볼만한 전시물이 거의 없다. 많은 왕족들이 묻혀 있는데도 불구하고 그 흔한 왕관이나 왕족들이 사용하던 물품조차 볼 수가 없었다. 아무것도 없으니 보여주고 싶어도 보여줄 수 없는 것이다.

그 내막을 살펴보면 이렇다. 1020년부터 1536년까지, 덴마크가 가톨릭에서 루터파 개신교로 개종하기 전까지 로스킬데 대성당은 가톨릭 성당이었다. 1600년경 당시에는 덴마크에서 가장 부자 교회로 소문이 났는데 당시에는 많은 보물들을 소장하고 있었던 것으로 알려졌다.

그러나 가톨릭에서 개신교로 이행되는 16세기 말의 종교개혁 과정에서 로스킬데 대성당 보물들은 약탈당하고 파괴되면서 하나씩 자취를 감추었고 지금은 아무런 소장품도 남아있지 않게 되었다.

또한 남아있던 귀중품조차 1806년에 누군가가 경매시장에 내다팔았다고 한다. 그나마 지금까지 남아있는 문화재는 교회의 제단 배후를 장식하고 있는 삼단 벽화 정도다. 1560년에 제작된 벽화는 예수의 일생을 3부작으로 담고 있는데, 지금도 덴마크 종교 예술의 걸작으로 꼽힌다. 또 다른 가치 있는 작품은 1420년에 만든 성당 성가대석의 장식들이다. 독특한 회화를 연작으로 그려 넣어 제작한 장식들은 작품성이 매우 높은 것으로 눈여겨볼 만하다.

로스킬데 대성당은 다른 교회나 대성당들에 비해 건축적으로는 아름답지만 내부의 문화재가 거의 사라진 상태라서 그런지 썰렁한 묘지같았다. 죽은 자들이 모여 무슨 회의라도 하는 건 아닌지 엿보고 싶은 충동도 느껴졌지만 호기심만으로 대성당이 풍기는 으스스한 분위기를 감당하기에는 아무래도 역부족이라 바깥으로 걸음을 옮겼다.

▲ 예수의 일생을 3부작으로 그린 로스킬데 대성당의 삼단 벽화

로스킬데의
바이킹 유적지

로스킬데
바이킹 선박 박물관

1070년, 로스킬데 협곡에는 바다로 침범해 오는 적의 공격을 막아내기 위해 치열한 전투를 벌인 6척의 함선이 있었다. 결사 항전했지만 끝내 침몰한 6척의 함선들. 그 함선들이 다시 나타난 것은 1962년이었다. 발굴 작업을 통해 당시 전투에 참전한 전함과 화물선이 다시 세상에 모습을 드러낸 것이다.

덴마크 국립박물관은 이들 함선을 전시하기 위해 1969년 로스킬데에 선박 전시 전용 박물관을 건립했다. 박물관 밖에는 바이킹 시대에 위세를 떨치던 선박들을 제조하는 과정을 볼 수 있도록 조선소 시설도 마련해 놓았다. 이곳에서 북유럽 국가의 전통적인 선박들과 재건된 바이킹 함선 등을 볼 수 있다. 뿐만 아니라 바이킹 선박을 직접 타볼 수 있는 기회도 즐길 수 있다.

바이킹 시대에 선박은 바다를 지배하기 위한 가장 중요한 수단이자 도구였다. 바이킹 시대에는 여러 가지 종류의 배가 있었다. 흔히 바이킹 선박으

▲ 로스킬데 바이킹 선박 박물관 전경

▲ 로스킬데 바이킹 선박 박물관에는 선박 제조 과정을 볼 수 있는 바이킹 선박 조선소가 있다.

로 알려진 롱십은 주로 전투에 사용하는 선박이다. 크나르Knarrs 또는 옛말로 크노르knorrs라고 부르는 선박은 다소 느렸지만 승객과 화물을 실어 나르는 선박으로 사용되었다. 특히 롱십은 당시 중세 암흑기를 밝혀주는 가장 큰 기술과 예술적 업적이라고 평가받고 있다. 이 위대한 배가 없었다면 바이킹 시대는 결코 발전하지 못했을 것이기 때문이다. 그만큼 바이킹 선박에 대한 기대와 가치가 크다는 것을 암시한다고 하겠다.

현재 로스킬데 바이킹 선박 박물관에 전시 중인 바이킹 선박 중 형체를 분별할 수 있는 선박은 3척 정도다. 따라서 이 3척의 배를 자세히 들여다 볼 필요가 있다.

첫 번째 배는 셉베 알스 호Sebbe Als ship로 로스킬데 선박 박물관에 전시 중인 6척의 배 중 가장 작은 규모의 전함이다. 길이가 17m로 20명이 노를 젓고 최

▲박물관에는 뼈대밖에 남지 않은 바이킹 선박의 원형이 전시되어 있다.

대 30명이 승선할 수 있다. 이 배를 복제해 1969년에 진수식을 가졌다.

두 번째 배는 글렌달로에서 제작한 하우힝스텐 호Havhingsten fra Glendalough ship로 상태가 그리 좋지는 않지만 원형을 알아볼 수 있는 정도다. '바다의 종마'라 불리던 이 배는 2004년도에 복제품을 제작했다. 배의 길이는 30m에 이르며 최대 65명이 승선할 수 있다. 배의 원형은 1042년 아일랜드 더블린에서 참나무로 건조했는데, 이 배를 복제하는 데 만 4년이 걸렸다고 한다.

세 번째 배는 오타르 호Ottar ship로 바이킹 시대인 1030년에 교역을 위해 사용된 화물선이다. 노르웨이 송네 피오르드에서 제작되었다. 항해 전 오슬로 피오르드에서 수리를 받고 떠났다가 로스킬데에 도착 전 인근 피오르드에서 난파되어 그 수명을 다하고 만 것이다. 배의 돛은 바람을 최대한 받기 위해 거의 정방형이다. 이 배를 복제한 모조선이 관광객들을 태우고 인근 피오르드를 항해한다고 하니 바이킹 시대의 정취를 느끼고 싶다면 시간을 내어 이 배를 타보는 것도 좋겠다.

트렐레보르 바이킹 마을

로스킬데에서 자동차로 약 30분, 오덴세로 가는 도중에 트렐레보르Trelleborg라는 바이킹 마을이 있다. 이곳은 덴마크 국립박물관이 발굴한 바이킹 관련 자료를 바탕으로 마을 전체를 '바이킹 마을'로 조성해 놓은 곳으로, 역사적 가치가 높아 안데르센 박물관을 보기 위해 오덴세로 가는 길에 한번쯤 들러봐도 좋은 곳이다.

특히 트렐레보르 마을의 바이킹 유적지는 바이킹들의 독창적인 주거 형태를 잘 보여주는 곳으로 바이킹들의 삶의 지혜를 엿볼 수 있다. 전체적인 마을 외관은 반지 모양으로 외부의 침입을 방어하고 일상생활을 유지하는 데 탁월한 구조를 보여준다. 실제로 바이킹 시대의 기록에 따르면 트렐레보르 지역 반지 모양의 원형 주거지가 적들의 침입으로부터 마을을 방어하는 데 전략적으로 유리했다는 내용이 있다. 즉, 당시 마을 사람들에게 집은 그저 편하게 쉬기만 하는 공간이 아니라 언제 일어날지 모를 전투에도 대비해야 했던 곳이다.

현재 트렐레보르 박물관은 주민들이 살던 부락을 예전 형태로 재현하는

◀ 복원 예정인 트렐레보르 원형 마을 형태. 2008년에 붉은 점으로 표시된 곳에서 바이킹 방패가 발견되었다.

▲ 트렐레보르의 바이킹 가옥인 롱하우스. 지붕은 배를 거꾸로 뒤집어 놓은 형태다.

작업이 한창이다. 과거의 반지 모양 마을을 그대로 재현하는 것으로, 2017년 말에 지형 조성을 마쳤다.

트렐레보르 마을을 둘러보면 과거 북유럽 사람들이 대개 비슷한 형태로 마을을 이루고 살았음을 짐작할 수 있다. 우선 그들이 사는 마을은 바다나 해안을 끼고 있다는 점이다. 트렐레보르 마을에서도 약 10km 정도만 가면 바다가 나온다. 아마도 바다를 대상으로 활동해야 하는 그들에게는 지리적 위치가 중요했을 것이다.

또 다른 특징으로는 당시 바이킹들의 거주지가 대부분 기다란 형태라는 것이다. 흔히 이런 집을 '롱하우스longhouse' 라고 한다. 신석기 시대부터 이어져 오던 주거 형태로 대가족이 함께 살기에 적합해 덴마크에서 오랫동안 사랑받았다. 간혹 가축들이 함께 살기도 했다. 내부는 집을 따뜻하게 유지하기 위해 집 가운데에 화덕을 마련해 열 손실을 최소화했다.

트렐레보르에 재건축한 롱하우스도 이런 특징을 살려, 약 30m 정도 길이에 주변을 감싸는 듯한 벽에는 두꺼운 판자를 덧댔다. 중앙에는 두 개의 기둥을 세워 지붕을 받쳤고, 집 중앙에는 화덕을 놓았다. 간혹 집 안에 나무를 깎아 만든 장식품으로 치장해 놓은 것을 볼 수 있다.

이 외에도 트렐레보르 바이킹 박물관에는 이 지역에서 발견된 바이킹 무기와 각종 유물들이 전시되어 있다. 그만큼 트렐레보르가 당시 바이킹들의 중요한 거점 마을이었음을 알 수 있다. 그중에서도 눈에 띄는 유물은 2008년에 발견된 나무로 만든 둥근 방패다. 방패는 900년경 노르웨이에서 채집한 참나무로 만든 것으로, 바이킹 거주지 조성 작업 중 남쪽 출입구 지역에서 발견되었다.

▲ 롱하우스 내부, 집 가운데 화덕을 놓아 실내를 따뜻하게 했다.

바이킹 축제

바이킹 시대가 한창이던 10세기 말, 덴마크의 뛰어난 바이킹 수장 하랄드 블라톤은 바이킹 원정을 늘 성공적으로 이끌었다. 그에게는 '무적의 바이킹'이라는 수식어가 늘 따라다녔다. 그가 무적의 바이킹이 될 수 있었던 것은 그가 가장 아끼고 신뢰하던 '욤스바이킹' 덕분이다.

욤스바이킹Jomsviking은 지금의 폴란드 북쪽, 발트 해 해안가에 위치한 볼린Wollin 지역의 주민들이었다. 당시 볼린은 덴마크 지배하에 있던 곳으로 하랄드 왕은 그들을 은밀히 훈련을 시켜 바이킹으로 양성했다. 그렇게 당시 최강의 바이킹 전사들로 이루어진 욤스바이킹과 함께 하랄드 왕은 인근 바다를 휩쓸고 다녔을 것이다. 가장 엄격하고 용맹스러운 욤스바이킹. 그들에게 패배는 없었다. 그야말로 무적의 바이킹이었다.

지금도 폴란드 볼린에서는 해마다 엄청난 규모의 바이킹 축제를 열어 예

▲ 바이킹 축제의 장터에서는 바이킹들이 사용했던 물건을 사고팔 수 있다.

전의 영화를 기리고 즐긴다. 그들은 지난날의 영광을 오늘의 영광처럼 즐긴다. 그렇기에 이들에게 '바이킹'은 언제나 가장 신성하고 즐거운 놀이이자 삶의 양식인 것이다. 볼린뿐만 아니라 다른 북유럽 나라에서도 바이킹 축제가 열린다.

이 지역의 바이킹 축제는 크게 세 가지 형식을 취한다. 첫째는 바이킹 장터다. 이곳에서는 당시 바이킹들이 사용하던 물건들을 직접 제작해 사고팔 수가 있다. 뿐만 아니라 여러 물품들을 직접 만들어볼 수도 있다.

두 번째는 바이킹 전사들 간의 전투다. 적지 않은 부상자가 나오지만 사람들은 축제의 백미로 전투를 즐긴다. 어찌 보면 무모할 정도로 무섭게 달려들고 찌르고 베고 내리친다. 진짜 피를 흘리기도 하는데 그래도 마냥 좋아라하며 힘자랑을 한다. "내가 바로 바이킹이다."라고 말하듯이 말이다.

세 번째는 가장 용맹스러운 바이킹 전사를 뽑는 것이다. 전투를 벌여 사생

▲ 바이킹 축제에서는 가장 용맹한 바이킹 전사를 뽑기 위해 전투를 벌인다.

결단을 내듯 최후의 승자를 가린다. 그래서 누가 가장 용맹스럽고 최고의 전사인지를 가리려 한다. 이들은 축제 기간만이라도 바이킹이 되어보는 경험을 소중하게 여기는 듯하다.

이들에게 바이킹 축제란 무엇일까? 분명한 것은, 그들에게 바이킹 축제는 단순한 놀이 그 이상이라는 것이다. 아마도 그들이 스스로 바이킹의 후예임을 강조하지 않더라도 은연중에 막강한 힘과 권위를 과시하고픈 욕구를 가지고 있기 때문일 것이다.

교주인가, 디자이너인가?

오딘의 집을 열다

요즘 북유럽 국가들은 바이킹 시대의 문화유산을 공유하는 동시에 바이킹 종주국으로서의 면모를 서로 과시하려는 주도권 경쟁이 치열하다. 그런 와중에 뜻밖에도 덴마크가 2016년에 전통신앙인 파간Pagan, 오딘을 추종하는 전통신앙 사원의 문을 열었다. 사실 파간은 북유럽 국가들이 11세기에 가톨릭으로 개종하면서 불법으로 치부해버린 전통신앙이다. 그런데 이제 와서 또다시 오딘의 역사를 기독교 국가에서 시작하려고 하는 것이다.

이 파간 사원은 안데르센 박물관이 있는 오덴세에서 남서쪽으로 약 40km 정도 떨어져 있는 작은 마을 포보르Faaborg에 문을 열었다. '오딘의 집Valheim Hof' 이라고 부르는 이곳은 8세기부터 12세기까지 진행된 기독교 개종 이후 스칸디나비아 반도에서는 처음 세워지는 것이라 그 의미가 남다르다.

덴마크의 경우, 1188년 성인 세인트 크누트를 위한 시성식을 거행하면서 가톨릭이 파간을 대신해 자리를 잡았다. 그 후 민간신앙은 몇 세기에 걸쳐 금

▲ 짐 링빌드가 사는 바이킹 성채 라운스보르. 성채 뒤에 보이는 건물이 북유럽 신들을 모신 **'오딘의 집'**이다.

지되어 왔다. 이러한 현상은 다른 북유럽 나라에서도 마찬가지였다. 그러나 이제 오딘을 추종하는 오딘 사원이 다시 문을 열게 되자 더 이상 금지시키지 못하고 슬며시 덴마크 문화의 하나로 허용하기에 이른 것이다.

오딘의 집이 문을 열자 덴마크에서는 기독교가 아닌 전통 민간신앙을 추종하는 사원이라는 점 때문에 적지 않은 논란이 일기도 했다. 그러나 거의 천 년 만에 들어선 파간 사원이다 보니 더 이상 금지시킬 명분이 없었을 것이다. 그것도 덴마크의 위대한 가톨릭 성인으로 추대된 크누트 4세St. Knut, 1042~1086 왕의 직계 후손이 오딘 사원을 세우고 문을 열었다는 점에서 시사하는 바가 크다. 즉, 크누트 대왕이 기독교로 개종하면서 금지시킨 '파간'을 그 후손이 다시 '허용' 한 결과를 초래한 것이다. 어쩌면 오딘의 집 개관은 덴마크가 '오래된 길을 위한 새로운 시작'을 알리는 신호탄일지도 모르겠다.

무엇보다 오딘의 집 개소식 논쟁을 통해 더 이상 파간을 이교도로만 볼 것이 아니라 덴마크 문화의 하나로 봐야 한다는 시각이 늘어나고 있다. 북유럽 여러 곳에서 비슷한 주장들이 고개를 들고 있기에 그 귀추가 주목되기도 한다.

신화를 현실로 만든 '짐 링빌드'

오딘의 집 주인장 짐 링빌드Jim Lyngvild, 그는 파간 교주일 뿐 아니라 덴마크에서 잘나가는 디자이너이자 사업가이기도 하다. 그는 덴마크에서 제법 알려진 사업체도 여럿 가지고 있다. 향수나 화장품 같은 품목이나 선글라스 같은 생활용품, 심지어 주류 회사인 'Vestfyen'을 설립해 맥주, 위스키 등 주류까지 생산하고 있다.

이런 사업을 하는 그가 파간의 교주라는 것이 믿기지가 않았다. 하지만 그가 생각하는 모든 것은 언제나 가능성의 범주에 있다. 호기심을 느끼게 하고 모험심을 자극하는 모든 대상은 그에게 새로운 도전의 대상이다. 그는 자신의 심장이 이끄는 대로 생각하고 행동한다고 말한다. 또한 세계의 여러 문화를 경험하면서 서로에게 도움이 될 수 있을 것이라고 말하는 그는 열린 생각을 하는 덴마크인이다.

짐의 가계는 천 년 전으로 거슬러 올라간다. 그는 1086년에 서거한 덴마크의 전설적인 크누트 대왕의 29대 후손이다. 그의 21대 선조는 노르웨이와 덴마크의 왕이었던 하콘 왕Haakon Haakonson Birkebeiner, 1204~1263이다. 분명 그는 대단한 선조의 후예다. 그래서인지 그의 삶에서 역사는 제일 중요한 요소이다. 특히 바이킹과 관련된 역사는 그의 디자인 작업과 스토리텔링의 가장 중요한 부분을 차지한다.

그는 오딘의 집 사원 옆에 있는 바이킹 성채 라운스보르에 산다. 2016년에는 북유럽 신들을 모시기 위해 스칸디나비아 어디에도 없는 신전을 성채 뒤에 마련해 북유럽 신들을 위해 기도하고 사람들에게 바이킹에 대한 전설과 선조들의 무용담을 들려주고 있다.

파간 교주뿐 아니라 사업가로서의 수완도 뛰어난 그는 신화가 단지 옛날 이야기가 아니라 살아있는 아이디어의 보고라고 말한다. 자신의 사업 물품들을 디자인하거나 전략적 사고를 할 때면 언제나 선조들을 생각했고, 그들이 전투를 벌이기 위해 어떻게 전략을 짰는지를 생각했다. 그래서 자신의 외모도 가능한 신화 속 인물처럼 분장하기를 즐긴다. 분명 신화는 종교가 아닌 삶의 한 방편으로서 그에게 삶의 지혜뿐 아니라 미래 지향적인 행위 양식을

오딘의 집 주인장 짐 링빌드 ▶

제공하는 그야말로 정보의 보고인 셈이다.

그의 뛰어난 사업수완을 보여주는 예가 있다. 그는 'The Rising of the Valkyrie'라는 주제로 패션쇼를 준비하며 관계자들을 불러 모았다. 그리고 바이킹 전사들이 추종하던 오딘과 오딘의 명령으로 전투에서 죽은 전사들을 오딘이 머무는 발할라로 데리고 가는 여전사 발키리에 대한 이야기를 주제로 의상을 만들고, 발키리들이 패션쇼를 벌이는 듯한 분위기를 연출했다. 가히 신화가 현실에 접목되는 순간이었다. 사람들에게 북유럽 신화의 절대자 오딘과 그의 심부름꾼 발키리를 말하는 순간, 이미 그의 말대로 '패션fashion'은 '열정passion'이 된다. 그의 패션쇼는 성공했다. 이를 본 중국 TV 관계자가 그를 초청해 중국에서 유명한 TV쇼 'Muse Dress'에 중국의 유명 모델 허쑤이와 함께 출연시켰다. 모두 네 팀이 출연해 자신의 '뮤즈'를 위해 준비한 의상을 비교 경쟁하는 프로그램이었다. 그는 최종 우승은 못했지만 자신의 모델을 위해 준비한 의상들을 9백만 달러 이상 파는 쾌거를 이루었다. 여기에 그가 얻은 유명세는 당연히 덤이었을 테고 말이다. 하지만 그는 수입금 전액을 중국 어린이 환자들을 위해 기부했다. 그러자 중국 내 그에 대한 평판과 인지도가 하늘 높은 줄 모르고 치솟았다.

종교와 신화를 이용하면서 현실과 신화의 경계를 허무는 짐 링빌드야말로 진정한 자유인이자 종교인은 아닐까?

P.S. 짐과의 인터뷰는 2017년 9월 2일, 그의 성채에서 이루어졌다.
짧은 만남이었지만 늦은 시간에 인터뷰에 응해준 짐에게 고마운 마음을 전한다.

덴마크의 보석, 리베

리베를 지키는 야경꾼

리베Ribe는 덴마크 유틀란트 반도 중간 지점의 서쪽 해안에 있다. 독일 함부르크에서 자동차로 3시간이면 닿는다. 리베는 덴마크 서쪽 끝에 있기 때문에 별로 알려져 있지 않았지만 바덴 해와 직접 연결되어 있다는 지리적 이점 때문에 바이킹 시대인 8세기 무렵부터 거점 도시로 발달하면서 덴마크 왕국의 서쪽 관문 역할을 톡톡히 했다.

이처럼 교역의 중심지로서 지속적인 발전을 거듭하던 리베는 16세기 말에 전염병이 창궐하고 홍수와 화재 등의 악재가 겹치면서 점차 도시의 기능을 잃게 되었다. 급기야 도시 기능이 마비되고 말았다. 특히 1580년에 발생한 화재는 리베가 그동안 가꾸었던 화려한 도시의 면면들은 물론 수많은 역사적 유물들까지 모두 태워버렸다. 17세기 중반에는 스웨덴과 전쟁을 치르면서 인근에 있던 리버후스 궁전마저 파괴되고 만다. 리버후스 궁전은 보헤미아의 오타카르 1세Otakar I, 1155~1230 국왕의 딸인 다그마르Dagmar, 1189~1212 공주가 16

세가 되던 해인 1205년 덴마크의 발데마르Valdemar II, 1170~1241 왕과 결혼한 후 거주하던 궁전이었는데 현재는 아쉽게도 터만 남아있다.

리베의 거리를 걷다 보면 렘브란트의 '야경'이라는 작품이 떠오른다. 리베의 상징이자 도시의 파수꾼인 야경꾼들이 이 도시를 지키고 있기 때문이다. 이들은 해질 무렵 야경꾼의 지참물인 램프와 쇠망치가 붙은 긴 창을 들고 골목길을 돌아다니며 시민들의 안전을 지키고 지난날의 화재와 홍수로 인한 피해를 두 번 다시 겪지 않도록 철저히 감시하는 역할을 한다. 그러나 현대적인 의미의 경찰이 등장하자 오랜 세월 도시를 지켜온 야경꾼들의 역할도 막을 내리게 되었고 1902년 해체되었다. 다행히 1932년에 리베 시가 관광자원으로 야경꾼을 다시 부활시켰다.

오늘날 야경꾼들은 예전 복장 그대로 리베의 골목길을 순찰하면서 예전과 똑같이 임무를 수행하고, 함께 걷는 관광객에게 리베의 역사와 도시에 대한

◀ 1932년에 부활한 리베의 야경꾼이 리베의 골목을 순찰하고 있다.

이야기를 해주고 노래도 불러준다. 무료로 진행되는 '야경꾼 투어'는 매일 오후 8시와 10시 두 차례 진행되며, 40분 정도 소요된다. 타임머신을 타고 야경꾼과 함께 늦은 밤 리베 거리를 걷다 보면 중세로 돌아간 듯한 착각마저 들게 된다. 야경꾼과 함께하는 시간 여행 때문이라도 리베에는 꼭 가야 한다.

유럽에서 가장 오래된 도시

서기 700년경에는 동쪽의 비잔틴 제국과 서쪽의 프랑크 왕국이 가장 강력한 유럽의 지배 세력으로 자리하고 있었다. 이러한 양대 세력이 유럽을 지배하는 가운데 바이킹 시대의 주역인 북유럽인들은 유럽 각지로 원정을 시작하면서 유럽의 판도를 바꾸어 놓는다.

7세기 말 본격적으로 바이킹 시대가 전개되자 바이킹들은 유럽 여러 나라에 거점 도시들을 만들어나갔다. 바이킹들의 출현 목적이 처음에는 기독교화를 저지하고 오딘이라는 북유럽 절대자를 신봉하는 파간 종교를 유지, 전파하려는 것이었기 때문에 초창기 바이킹들의 위세는 가히 죽음을 불사할 정도였다.

바이킹들의 행위와 노력에 대해서는 여러가지 평가가 내려지고 있지만 분명한 것은 바이킹들의 노력으로 긍정적인 결과도 있다는 점이다. 가장 대표적인 것이 '바이킹 네트워크'다. 동방과 서방 세계를 하나로 묶었던 바이킹 네트워크는 당시로서는 실크로드 이래 획기적인 세계화 현상이라고 해도 무방하다. 동방에서 흘러온 문화가 서방으로 전파되면서 또 다른 문화를 꽃피울 수 있다는 것은 그야말로 경이로운 문화 교류의 결과다.

바이킹들은 단지 원정을 통해 해적처럼 금은보화 약탈만을 일삼은 것이 아니라 자신들의 부를 축적하고 삶을 영위하기 위한 방편으로 무역 거래를 중시했다는 점을 눈여겨볼 필요가 있다. 그런 의미에서 바이킹들의 중요한 거점 도시이자 상업 도시로 부상한 리베가 중요하다. 특히 당시 잉글랜드와 거리상 가장 가까운 지역이었기에 덴마크의 잉글랜드 점령과 지배를 용이하게 해주는 전초기지로서도 최적의 장소였다.

리베를 거쳐 북쪽에서 전해진 물품들, 예를 들면 노르웨이에서 가져온 대구 같은 값싼 어패류들을 남쪽으로 전달하고, 네덜란드에서 프랑스 북부 노르망디까지 이어지는 해안 도시들을 통해 유럽 각지로 물품을 수송할 수 있는 거점 도시 역할을 리베는 톡톡히 해냈다. 따라서 리베는 중간 기착지일 뿐 아니라 거점 도시로서의 기능도 수행하고 있었다.

덴마크에서 가장 오래된 성당

리베 시내 한복판에 있는 리베 성당은 9세기 중반 함부르크 출신 선교사인 안사르그가 파간 신도였던 덴마크 왕 호릭 1세Horik I, 827~854재위에게 리베를 하사받아 세운 덴마크 최초의 가톨릭 성당이다. 처음에는 목조 건물로 지어졌던 리베 성당은 화재로 소실되고 이후 13세기에 재건축되었다. 여전히 덴마크에서 가장 오래된 역사를 가진 리베 성당과 스칸디나비아

▲ 유럽에서 가장 오래된 리베의 거리 풍경

에서 가장 오래된 도시 리베. 최근에 발견된 유물들을 분석한 결과, 이미 기원전 700년경에 시장이 존재했음을 알 수 있는 다수의 은화가 발견되었다고 하니, 리베는 우리가 알고 있던 것보다 훨씬 이전부터 도시로서의 기능을 하고 있었던 것 같다.

리베 성당이 세워진 이후 덴마크에서는 가톨릭 전파를 위한 발판이 마련되었다. 이후 덴마크의 유명한 하랄드 블라톤 왕은 서기 965년에 '옐링 스톤'에서 덴마크인을 가톨릭으로 개종시킬 것임을 천명한다. 결국 덴마크에서 파간은 이교도로 전락하고 가톨릭이 국교로 자리잡게 되었다. 동시에 가톨릭 세력이 확산되면서 바이킹들의 해상 활동도 점차 자취를 감추게 된다.

마치 지난날의 위용을 자랑하듯 리베 시내 한복판에 우뚝 서있는 리베 성당. 성당 맞은편에는 바이킹 주택인 롱하우스 형태의 캐논 수도원을 포함해 주교관 등 다양한 중세 시대 건축물들이 바이킹 시대의 리베를 재현하고 있다. 캐논 수도원 내부는 미리 가이드 투어를 신청하면 관람이 가능하다.

어느새 중세의 거리를 걷고 있는 듯한 착각에 빠지게 만드는 리베. 유럽에서 가장 오래된 도시 리베의 골목길을 걸으며, 그 옛날 이 길을 걸었을 바이킹들을 생각해본다. 그들의 사상과 종교는 지금의 사람들과 많이 달랐을 테지만 그들이 생각하고 누리려 한 것은 행복한 삶이었을 것이라는 생각이 스쳐 지나간다. 어쩌면 사람이 도시를 필요로 하고 도시에서 살아가는 이유가 더 행복할 수 있을 것이라는 기대 때문은 아닐까,라는 생각을 조심스레 해본다.

▲ 롱하우스 형태의 캐논 수도원(왼쪽)과 덴마크에서 가장 오래된 성당인 리베 성당(오른쪽)이 마주보고 있다.

시르케네스
스반비크
트롬쇠
카우토 케이노
로포텐
아일랜드
보되
베르겐
오슬로
스타방에르

02

노르웨이

Norway

스타방에르

베르겐

오슬로

보되

로포텐

트롬쇠

카우토케이노

시르케네스

스반비크

노르웨이 영웅 하랄 1세

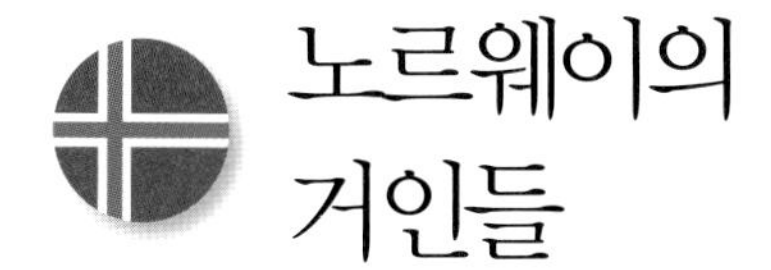

노르웨이의 거인들

노르웨이 국가는 8절까지 있다. 국가의 제목은 '그래, 우리는 이 땅을 사랑한다[Ja, vi elsker dette landet]'이다. 노르웨이 사람들은 일반적으로 1절과 7절, 8절만 부른다고 한다.

부르지 않는 2절부터 6절까지의 가사에는 고난의 시기를 극복하고 찬란한 국가를 이룩한 노르웨이의 역사를 담고 있다. 그중에서도 노르웨이의 역사를 아주 극명하게 담은 가사가 있는데, 바로 2절이다.

하랄이 그의 영웅들의 군대로
결속시켰던 이 나라
에위빈드가 노래할 때
호콘이 지켜냈던 이 나라
올라프는 이 나라에서

그의 피로 십자가를 칠했고,

스베레는 마침내

로마에 대항할 수 있게 되었다네

– 노르웨이 국가 2절

노르웨이 국가에는 위대한 선조로 추앙받는 영웅들이 등장한다. 첫 구절에 등장하는 '하랄'은 노르웨이 전역에 대한 통치권을 주장한 최초의 왕이고, '호콘'은 하랄 1세의 아들로 노르웨이에 가톨릭을 처음 도입한 왕이다. '올라프'는 1015년 노르웨이를 통일하고 노르웨이를 가톨릭으로 개종한 왕으로, 사후에 '성왕 올라프'라는 뜻의 '올리프 헬기Olaf helga'로 불리며 성자로 추대된 인물이다. '스베레'는 1184년 난립하던 반군들을 모두 평정하고 노르웨이 통일의 초석을 다졌다.

이들은 모두 노르웨이 초창기 역사에서 커다란 발자취를 남긴 인물로, 스타방에르 지역의 하프스에서 노르웨이 독립을 위한 여러 전투를 치르며 독립의 초석을 다졌다. 이를 기리기 위해 1983년에는 노르웨이 로가란드 은행 후원으로 올라프라는 작가가 '세 자루의 칼'을 제작해 하프스 피오르드 인근에 설치하기도 했다.

그렇다면 왜 노르웨이 초창기 영웅들은 국가에 오를 만큼 추앙을 받는 것일까. 그 이유를 알기 위해서는 하랄 1세가 등장한 10세기부터 19세기까지의 노르웨이 역사 속으로 들어가 볼 필요가 있다. 덴마크와 스웨덴 사이에 놓인 노르웨이의 가슴 아픈 역사를 알면 노르웨이를 더 잘 이해할 수 있기 때문이다.

▲ 스타방에르의 하프스 피오르드 인근에 설치된 '세 자루의 칼' 기념비

10세기를 전후해 등장한 하랄 1세Harald I, 850년~932년는 국가의 통일 기반을 조성했다. 이후 1015년 올라프 2세Olaf II, 995~1030가 노르웨이를 통일하고 가톨릭으로 개종했다. 12세기에 접어들어 왕위를 둘러싼 내부 갈등이 전개되지만 1217년 호콘 4세Haakon IV, 1204~1263의 등장으로 내란은 평정되고 오랜 갈등은 막을 내리게 되었다. 호콘 4세 시기에 절대 왕정의 기반을 닦고 통일의 기운을 바탕으로 국운이 뻗어가기 시작한 노르웨이는 13세기 중반 아이슬란드와 그린란드 등을 점령하고 정착하면서 해외로 뻗어나갔다. 그러나 왕정을 기반으로 한 노르웨이의 운명은 후손을 얻지 못하면서 어려워졌다. 결국 덴마크와 연합국가 형태를 취할 수밖에 없게 된 노르웨이는 덴마크, 스웨덴과 칼마르 동맹을 맺으면서 점차 정체성을 잃게된다. 1397년부터 1523년까지 126

년간 유지된 칼마르 동맹으로 인해 노르웨이는 덴마크의 속국으로 전락하는 위기에 놓이고 만 것이다.

1380년 노르웨이는 덴마크에 흡수되고, 1397년에 덴마크의 에리크 7세 Erik VII, 재위:1396~1439는 노르웨이와 덴마크의 공동 군주로서 노르웨이에서는 에리크 3세 Eirik III, 재위:1389~1442로, 스웨덴에서는 에리크 13세 Erik XIII, 재위:1396~1439로 즉위한다.[1] 이로서 덴마크를 중심으로 한 칼마르 동맹이 완성된다. 이에 따라 그동안 노르웨이가 쌓아온 해외 원정의 업적들은 모두 덴마크 왕가의 업적으로 치환되어 버렸다. 아이슬란드와 그린란드 등 노르웨이의 해외 정착지까지 덴마크가 접수해버린 것이다. 이제 모든 권한과 권리는 덴마크가 행사하게 되었다. 칼마르 동맹은 15세기 중엽부터 구스타브 1세 바사 Gustav I Vasa, 1496~1560가 이끄는 스웨덴 독립군이 덴마크의 크리스티안 2세 Christian II, 1481~1559를 격파하고 1523년에 독립을 이루자 해체된다.

1814년 덴마크는 스웨덴의 침공을 받고 킬 조약에 따라 노르웨이를 스웨덴에 넘겨준다. 이때 노르웨이가 독립을 선언하지만 스웨덴은 노르웨이의 독립을 용인하지 않는다. 아니, 오히려 노르웨이를 침공하여 정복했다. 결국 노르웨이와 스웨덴은 모스 조약을 체결하고 두 나라가 연합국임을 선언하며 공식적으로 스웨덴 지배하에 들어가게 된다. 그러나 1905년 두 나라의 연합

1 덴마크의 마르그레테 1세(Margrete I, 1353–1412)의 양자가 된 '에리크'는 마르그레테의 지원으로 1397년 덴마크, 노르웨이, 스웨덴 세 왕국의 공동 군주가 된다. 그 후 마르그레테 1세는 왕이 아니면서도 1412년까지 섭정을 도맡아 칼마르 동맹의 실질적인 통치자로서 여왕처럼 군림했다.

이 와해되고, 스웨덴은 결국 노르웨이의 독립 요구를 받아들였다. 노르웨이의 오랜 숙원이었던 독립이 드디어 이루어지게 된 것이다.

태초의 거인 위미르

노르웨이 사람들은 스스로를 '트롤'이라는 거인족의 후예라고 말한다. 거인족은 북유럽 신화에서 중요한 의미를 지닌 존재다. 태초에 천지 창조의 기원으로 작용한 주체가 바로 거인 '위미르'이기 때문이다.

북유럽 신화에 따르면, 태고의 혼돈 긴눙가가프에서 처음 생겨난 생물은 무지막지한 크기의 거인 위미르였다. 냉기가 올라오고 모든 것들이 암울한 니플헤임의 얼음 안개와 뜨겁고 밝게 빛나는 무스펠스헤임의 열기가 만나는 긴눙가가프는 바람 한 점 없이 고요했다. 상고대와 따뜻한 바람이 만나자 얼어붙어 있던 것들이 점차 녹아내리게 되었고, 열기가 지속되자 계속해서 물방울이 맺히게 되었다. 떨어진 물방울들은 사람의 형상을 만들었는데, 그렇게 만들어진 것이 바로 위미르다.[2]

잠을 자고 있던 위미르의 양쪽 겨드랑이에서 남녀 요툰이 탄생했고, 발에서는 머리가 여섯 개 달린 괴물이 태어났다. 그들은 흐림수사르, 곧 서리 거인족을 형성하여 니플헤임에서 살았다. 한편 신들은 위미르가 아닌 부리에

---

2 스노리 스툴루손의 '길피의 속임수'에 위미르의 탄생 이야기가 실려 있다.

게서 탄생했다고 하는데, 부리의 손자인 오딘과 빌리, 베이 삼형제가 위미르를 죽이고, 위미르의 시체로부터 세계를 만들었다. 위미르의 피는 니플헤임을 가득 채워 홍수를 일으켜 베르겔 미르 부부를 제외한 모든 거인들을 익사시킨다. 그 후 위미르의 살로 대지를, 그의 피로 바다를, 그리고 그의 뼈로 구릉을 만들고, 그의 머리칼로 초목을, 그리고 그의 해골로 하늘을 만들었다고 한다.

이 이야기는 북유럽 신화에서 태초의 인간과 거인족이 탄생하는 순간을 그린 것이다. 스스로를 '트롤의 후예'라고 말하는 노르웨이 사람들은 좋아하는 인형도 못난이 인형을 닮은 트롤이다. '기왕이면 다홍 치마'라고 대부분의

◀ 스스로 트롤의 후예라고 말하는 노르웨이 사람들. 노르웨이에서는 다양한 트롤 인형을 쉽게 볼 수 있다.

사람들이 잘생기고 건장한 체구를 지닌 인형을 자신들 모습으로 견주고 싶어 할 테지만 우스꽝스럽기도 한 트롤의 모습을 선호하는 노르웨이인들의 비범함은 어쩌면 정말 그들의 탄생이 그렇게 우스꽝스럽게 시작된 것이 아니었을까, 라는 생각마저 들게 한다.

현실에서
신화를 만나다

신화 속 인물이 어떤 존재인가에 따라 해당 지역의 주민들 의식이 결정된다. 신화가 필요한 이유가 바로 그 때문이다. 한 나라의 탄생 과정을 보면 거의 대부분 신화적인 인물, 즉 영웅이 국가의 시조로 등장한다. 이것은 그만큼 강력한 국가가 되기를 염원하는 의미에서일 것이다. 한 나라의 권위와 위대함은 신화의 주인공이 어떤 인물인가에 따라 달라질 수 있다.

하지만 역설적으로 신화 속 영웅이 현실 세계에 도래하기 위해서는 조작된 신화가 필요할지도 모른다는 가정도 생각해보아야 한다. 그렇기 때문에 신화와 종교가 밀착되어 있을수록 신화는 종교적 색채를 띠게 되는 것이다.

인간에게 종교의 역사는 성스러운 이미지와 더불어 시작되는 것이 아니라 성스러운 경험과 더불어 시작된다는 점을 유념할 필요가 있다. 그래서 인간이 경험한 모든 것은 각기 하나의 상징으로 체계화되고 서서히 인간은 그 상징을 하나의 행위 규범으로 따르게 된다. 인간이 다른 영장류와 구별되는 것은 바로 이러한 상징 체계를 가지고 있기 때문이라고 할 수 있다.

그런 의미에서 스스로를 트롤이라고 칭하며 북유럽 신화 속 인물로 포장하고 있는 노르웨이인들의 비범함은 거친 자연환경을 극복하고 생존하는데 절대적으로 필요했던 상징을 조작한 것인지도 모른다. 그런 연유 때문인지는 몰라도 노르웨이에서는 북유럽 신화에 등장하는 지명들을 심심치 않게 볼 수 있다. 북유럽 신화가 생활 밀착형 신화라는 것도 이 때문이다.

그런 예는 북유럽 반도의 이름이 스칸디나비아라는 것에서도 알 수 있다. 북유럽 신화에서 '스카디'는 추운 겨울에 산악지방에서 스키를 타면서 사냥을 하는 여신이다. 또한 13세기 스노리 스툴루손이 정리한 북유럽 신화에 등

▲ 바다의 신 뇨르드와 결혼한 스카디 여신

장하는 바다의 신 '뇨르드'의 부인이기도 하다. 바로 그녀의 이름에서 스칸디나비아라는 명칭이 유래했다. 따라서 스카디로 상징되는 스칸디나비아 지역의 기후 조건과 지형적 특징 등이 이미 스카디 관련 신화에 내재되어 있음을 알 수 있다.

거인족이 산다는 노르웨이 남부 지역 요툰하이멘 국립공원Jotunheimen National Park 역시 북유럽 신화에서 그 이름을 따왔다. 인간이 사는 나라 '미드가르드'를 둘러싼 큰 바다 건너편에 눈과 얼음으로 덮인 나라에 거인들이 살았다. 신과의 전투에서 거인족 '이시르'가 살해된 후 살아남은 몇몇 거인들이 얼음으로 덮인 이곳으로 와서 신과 인간에게 복수할 기회를 노리고 있다고 한다. 거인족의 왕은 우트가르드 로키다. 우트가르드는 '외부 세계'라는 뜻이고 요툰헤임의 다른 이름이기도 하다.

요툰하이멘 국립공원에는 2,000미터가 넘는 산들이 즐비한데 이곳에는 갈회피겐산2,469m을 비롯해 28개의 봉우리들이 늘어서 있다. 그중에는 요툰헤임2,452m이라는 이름을 가진 산봉우리도 있다. 국립공원 서쪽 해안으로 거대한 피오르드 지형이 자리하고 있어 수려한 경관을 자랑한다. 가히 거인족이 살 만한 곳처럼 보인다.

▲ 신과의 전투에서 진 거인족이 눈과 얼음으로 덮인 이곳에 와서 복수의 기회를 노린다고 전해지는 노르웨이 남부 지역 요툰하이멘 국립공원

피오르드에
숨은 보물들

노르웨이
3대 트레킹 코스

노르웨이는 전 국토의 72%가 산악 지형이다. 노르웨이 산악 지형은 빙하기를 거치면서 바위로 이루어진 산악 지대가 평탄한 구조를 보여준다. 그래서 그곳에 서면 마구 달리고 싶은 충동마저 느끼게 된다. 서부 해안가 지역 역시 만년설이 녹으면서 침식 작용으로 생성된 피오르드 형태의 협곡이 발달한 덕분에 장엄한 경관을 가지고 있다. 그래서인지 소위 죽기 전에 한 번은 꼭 보아야 할 곳처럼 입소문을 타고 관광객들이 몰려들고 있다.

더구나 노르웨이 남서부 지역은 옛 수도인 베르겐Bergen과 스타방에르Stavanger를 잇는 거대한 고원 지역이 국립공원으로 지정되어 있어 대표적인 관광지로 부각되고 있다. 예전 바이킹들이 활동하던 본거지이자 노르웨이 독립의 본산이라고 할 정도로 역사적 가치가 많은 지역이다. 그래서 노르웨이에 간다면 가장 먼저 이 지역부터 찾는 게 좋겠다고 생각한다.

▲ 트레킹을 위해 많이들 찾는 스타방에르의 여명

이 지역에는 노르웨이 3대 트레킹 코스라고 불리는 트롤퉁가, 프레이케스톨렌, 셰락볼튼이 있다.

세 코스 모두 스칸디나비아를 대표할 정도로 수려한 경관을 지니고 있을 뿐만 아니라 슬프고도 아름다운 이야기를 가지고 있다. 그야말로 노르웨이를 대표할 만한 아주 멋진 보물들이 숨어 있다고 할 만큼 아름다운 자연 경관을 선사하는 이곳을 걸으며 노르웨이를 둘러싼 애닮은 이야기에 빠져보는 건 어떨까.

트롤퉁가

노르웨이에서 가장 인기있고 유명한 트레킹 코스는 단연 '트롤의 혓바닥'이라고 불리는 '트롤퉁가Trolltunga' 코스다. 노르웨이를 찾는 여행객들 중 상당수가 바로 이 코스를 찾는다고 할 정도로 인기가 많다. 트롤의 혓바닥처럼 괴이하고 특이하게 생긴 바위가 사람들을 유혹하고 있기 때문이다. 그런데 트롤퉁가를 보고 있자니 발키리 전설에 등장하는 수다쟁이 트롤 '흐림게르드'의 혓바닥이 바로 저리 생기지 않았을까 생각될 정도로 그 이미지가 닮았다. 수다쟁이 흐림게르드 전설은 발키리 신화에서 유래하는데 그 골자는 다음과 같다.

노르웨이 왕 효르바르드의 아들 헬기가 하늘을 가로질러 달리는 9명의 발키리를 목격하는데, 그중에서 빼어나게 아름다운 발키리아를 발견하고 그녀에게 다가갔다. 그녀는 에윌리미 왕의 딸 스바바로 9명의 발키리를 이끄는 시그룬이었다. 스바바를 보는 순간 헬기는 사랑에 빠지고 만다. 그러나 그는 이미 다른 여인과 약혼을 한 상태였다.

한편, 헬기의 약혼녀 아틀리 이둔드손이 여자 트롤 흐림게르드와 말다툼을 벌인다. 흐림게르드는 아틀리에게 헬기의 주위에 27명의 발키리들이 보인다면서, 그중에 특히 발키리들을 이끌고 있는 아름다운 발키리가 헬기와 보통 사이가 아니라고 떠벌린다. 그런데 흐림게르드는 해가 떠오르는 줄도 모르고 험담을 늘어놓다가 그만 돌이 되고 만다. 트롤은 해가 뜨기 전에 어두운 지하 세계로 숨어야 했는데 아침이 오는 줄 모르고 있다가 햇빛을 받아 돌로 변한 것이다.

사실 트롤퉁가 트레킹은 생각보다 위험하다. 조금만 실수해도 수백 미터 아래로 떨어질 수 있기 때문에 체력이 뒷받침된다고 무작정 올라서는 안되는 곳이 바로 트롤퉁가다. 2016년도에 24세의 호주 여성이 트롤퉁가에서 공중제비를 하며 인증 사진 촬영을 하다 떨어져 사망한 일이 있었다. 정말 수다쟁이 흐림게르드의 수다 때문에 생겨난 것은 아닌지 생각이 들게 하는 트롤퉁가의 혓바닥 바위. 그러니 트롤퉁가에 가서 흐림게르드처럼 마냥 수다를 떨다가는 큰일을 당할지도 모르니 조심해야 한다.

Tip

트롤퉁가 입산 시기

트롤퉁가는 여름철 성수기 때 베르겐이나 스타방에르에서 이곳을 오가는 버스를 이용해 갈 수 있다. 매년 6월 중순부터 9월 중순까지 입산이 가능하고 이때는 버스가 운행된다. 이후 10월 중순까지는 가이드 투어가 가능하지만 버스는 운행이 중단되니 참고하길. 자세한 입산 일정 등은 페이스북 노르웨이 관광청 홈페이지를 참고하면 된다.
트롤퉁가는 단순한 하이킹 코스가 아니다. 1,100m를 오르는 다소 힘든 산행으로 초보자는 왕복 10시간, 전문가는 8시간 정도 예상하고 일정을 짜야 한다. 특히 등산에 필요한 기초 장비, 예를 들면 등산화와 기후 변화에 대처할 장비, 기능성 의류, 비상식 등을 빠짐없이 준비하고 오르기 전에 날씨를 반드시 확인해야 한다. 악천후를 만난다면 무리하게 오르지 않는게 좋다.

▲ 트롤의 혓바닥이라고 불리는 트롤퉁가. 이곳에서 장난은 절대 금물이다.

리세 피오르드의 바위들

노르웨이 남서쪽에 위치한 스타방에르는 리세 피오르드와 맞닿아 있다. 피오르드는 42km인데 이곳에는 노르웨이를 대표하는 두 개의 바위가 있다. 하나는 설교자의 바위라는 별명을 가진 '프레이케스톨렌Preikestolen'이고, 다른 하나는 계곡 사이에 박혀 있는 '셰락볼튼Kjeragbolten'이다.

리세 피오르드는 크루즈 선박을 타고 관광을 해도 재미있지만 산 위에서 내려다보는 경치가 더 일품인 곳이다. 더구나 이곳에서만 볼 수 있는 두 개의 멋진 바위들을 보지 못한다면 아쉽기 그지없다. 사실 이곳을 올라야겠다고 마음을 먹은 데는 또 다른 이유가 있다. 이 멋진 곳을 보기 위해서는 반드시 걸어야 하기 때문이다. 이 험준한 지형에 케이블카라도 있다면 좋으련만 아쉽게도(?) 케이블카는 없다. 걸으면서 자연은 자연 그대로 있을 때 제일 보존 상태가 좋다는 아주 평범한 진리를 새삼 깨닫게 된다. 보고 싶으면 반드시 걸어야 한다는 당연한 사실이 새삼스럽다. 어쩌면 그런 사실 때문에 사람들이 더 몰리는 것은 아닐까?

프레이케스톨렌은 높이 603m의 수직 절벽이다. 피오르드 위에 위치한 이 바위는 마당 바위처럼 넓적한데 볼수록 대단하다. 절벽 아래로 보이는 피오르드 역시 장관이다. 피오르드 끝부분에는 1,110m 높이의 셰락Kjerag 산이 있다. 바로 그 산 정상 부근 계곡에 유명한 둥근 돌 셰락볼튼이 있다. 이곳에서는 1996년부터 2016년까지 모두 11건의 사망사고가 발생했기에 인증사진을 찍더라도 조심, 또 조심해야 한다.

▲ 넓은 마당처럼 평평한 프레이케스톨렌(위)에서 바라보는 리세 피오르드가 일품이다. 세락볼튼은 '바위 사이에 낀 돌'이란 뜻이다.(아래)

세락볼튼에 오르면 누구나 감격스럽고 경이로우면서 두렵기도 할 것이다. 세락볼튼은 진짜 거대한 거인[트롤]들의 놀이터가 아니었을까 하는 생각이 들 정도로 웅장하고 거칠다. 1866년 이 곳을 다녀간 프랑스 작가 빅토르 위고는 피오르드를 보고 느낀 감격을 「바다의 개척자[Toilers of the Sea]」라는 소설에 다음과 같이 묘사했다.

어디에서도 리세 피오르드처럼 빼어난 풍광을 볼 수 없을 것이다.
리세 피오르드는 바다와 맞닿은 곳에 있는 그 어떤 바위보다
대단한 위력을 지녔다. 이보다 더한 두려움을 느껴본 적이 없다.
스타방에르 북쪽에 위치한 엄청난 이 피오르드는 북위 59도에 놓여 있다.
피오르드에 흐르는 물은 검은색으로 침묵하고 있다.
금방이라도 폭풍이 몰아칠 듯한 자태는 고독과 침울함을 보여주지만
그 누구의 침범도 허락하지 않는다. 그 누구도 이곳을 빠져나갈 수 없다.
배를 타고 모험을 할 수 있을지 몰라도
그곳을 빠져나간다는 것을 장담할 수 없다.
더구나 높이 천 미터에 이르는 두 개의 암벽 사이에 놓여 있는
바위는 마치 바다로 가는 통로 같다.
– 빅토르 위고, 「바다의 개척자」 중에서

프레이케스톨렌에도 전해오는 이야기가 있다. 2000년도 중반 어떤 젊은 노르웨이 남자와 호주 여자가 자살 사이트에서 만나 함께 자살하기로 하고 프레이케스톨렌에서 뛰어 내렸다. 그 후 이들이 죽기 전날 밤 함께 지새운 텐트와 그들이 가지고 있던 물건 몇 가지가 발견되었다. 이 사건이 언론에 보도

▲ 프레이케스톨렌으로 오르는 길. 오로지 걷는다는 것만으로도 이곳에 올 이유가 충분하다.

되자 자살한 이들의 이야기를 독일에서 먼저 희곡으로 만들어 연극으로 공연했다. 10여 년이 지난 사건을 극화한 작품임에도 지금까지 20개 이상의 언어로 번역해 100곳 이상의 공연장에서 공연했다고 하니 무심코 지나칠 이야기가 아닌 듯싶다.

Tip

노르웨이 3대 트레킹 코스의 개방 시기

노르웨이 3대 트레킹 코스 모두 6월 중순부터 9월 중순까지만 개방을 한다. 하지만 해마다 개방 일자가 조금씩 다르기 때문에 정확한 일자는 관련 사이트에서 반드시 확인하고 계획을 세워야 한다. 출발지와 도착지, 등반시간 등을 결정하고 움직여야 3대 트레킹 코스를 다 보고 올 수 있다. 참고사이트 http://fjords.tide.no/

베르겐의 작은 거인, 그리그

솔베이지의 노래가 들리는 곳

그 겨울이 지나 또 봄은 가고 또 봄은 가고
그 여름날이 가면 더 세월이 간다 세월이 간다
아 그러나 그대는 내 님일세 내 님일세
내 정성을 다하여 늘 고대하노라 늘 고대하노라

– 그리그, 〈솔베이지의 노래〉 중에서

애잔한 음률로 시작하는 솔베이지의 노래, 누구나 한 번은 학창 시절 불렀을법한 노래다. 노르웨이를 생각하면 솔베이지의 노래와 동시에 그리그Edvard Grieg, 1843~1907가 떠오른다.

그리그는 베르겐에서 태어나 어려서부터 피아니스트였던 어머니에게 피아노를 배웠다. 그는 15살에 슈만과 멘델스존의 도시인 독일의 라이프치히로 유학을 떠나 4년간 낭만주의에 빠진다. 그러나 졸업 후 민족주의 색채가 짙은 작곡가들과 교류하며 점점 민족주의 음악에 심취하게 되었다. 차이콥

▲ 그리그의 고향이자 세계문화유산에 등재된 베르겐 구시가지 전경

스키나 드보르자크 같은 음악가들과 동시대에 살았지만 그들과는 다르게 섬세한 서정시인 같은 면모를 지녔다.

라이프치히 음악원을 졸업한 그리그는 잠시 노르웨이로 돌아오는데, 이때 노르웨이 출신의 동년배 작곡가 노르드라크를 만나 깊은 우정을 나눈다. 노르웨이 국가를 작곡한 노르드라크는 그리그에게 많은 영향을 미쳤다.

그리그는 1867년에 소프라노 가수이자 사촌 누이동생인 니나 하게루프와 결혼한다. 결혼 전, 자신의 가곡을 불러줄 가수를 찾기 위해 니나와 함께 로마를 방문한 그리그는 자신의 곡을 불러줄 성악가를 찾지 못했다. 그러다 니나가 그 가수임을 깨달은 그는 이후 니나를 위해 작곡하기 시작했다. 다행히 로마에서의 공연은 성공적이었고, 결혼까지 하게 된 것이다. 이후 코펜하겐으로 돌아온 두 사람은 그곳에서 여름을 보내며 딸을 낳았다. 그사이 덴마크 음악계의 거장 닐스 가데와 교류하며 음악에 대한 열정을 불태우게 되는데, 이때 작곡한 곡이 당시 최고의 피아니스트였던 리스트가 '스칸디나비아 반도의 혼'이라고 극찬한 〈피아노 협주곡 가단조 Op.16〉이다. 오늘날 피아노 협주곡으로 최고의 찬사를 받는 곡 중 하나이다. 그러니 이 곡에 대해 굳이 노르웨이 민족음악에 대한 의지를 담은 대작이라는 평 따위는 필요 없을 듯싶다. 이 곡은 이미 1970년에 나온 'Song of Norway'라는 영화의 배경음악이자 주제곡으로 너무나 잘 알려졌기 때문이다.

여하튼, 노르웨이의 전통음악과 민속에 대한 그리그의 정열과 신념은 더욱더 전설 속 이미지를 찾게 되었고, 노르웨이 대자연 역시 그의 음악에서 주요한 소재로서 역할을 하게 된다. 특히 그리그는 노르웨이 민요에 깃들어 있는 화음으로 신비로운 자신만의 음악 세계를 만들려 했는데, 이때 입센의 부탁으로 악극 〈페르 귄트〉를 작곡하게 된다. 그리그의 〈페르 귄트[1876 초연]〉가 세상에 태어나는 순간이다.

〈페르 귄트〉 중 입센의 민속설화를 소재로 작곡한 솔베이지의 노래는 환상적인 동시에 운명을 노래한 흥미진진한 악극이다. 페르 귄트가 인도와 아메리카 대륙 등을 여행하며 불가사의한 일들을 겪고, 벼락부자가 되어 돌아오는 길에 풍랑을 만나 무일푼으로 고향에 돌아와 솔베이지의 품에 안겨 숨을 거둔다는 내용이다. 애잔하게 들리는 숲 속 새들의 노랫소리, 이때 등장하는 페르 귄트와 솔베이지. 익숙한 멜로디는 여전히 우리를 달뜨게 한다.

그 후 그리그는 오슬로 음악원 부원장, 필하모니아 협회의 지휘자 등을 겸

하면서 작곡에 몰두했다. 1867년에는 오슬로 음악협회를 조직하여 7년간 지휘자로 활동했고, 1874년부터는 고향 베르겐과 오슬로를 오가며 음악 생활을 했다. 1880년 이후에는 고향인 베르겐으로 이사를 하고 1907년 지병인 결핵이 심해져 64세로 숨을 거두게 된다. 1928년 5월 그리그가 살던 집은 '그리그 박물관'으로 다시 태어났다.

거인의 집
트롤하우겐

트롤하우겐은 베르겐에 있는 그리그의 생가이다. 북유럽 신화에 나오는 거인족 트롤이 사는 집이란 뜻을 가진 트롤하우겐. 키 153cm의 그리그는 어쩌면 거인이 되고 싶었던 것은 아닐까. 체구는 작지만 그리그는 북유럽 신화에 나오는 거인처럼 노르웨이 사람들에겐 이미 위대한 거인으로 여겨지고 있다.

트롤하우겐을 찾아가는 길은 생각보다 쉽지 않았다. 대중교통을 이용해서 가기엔 조금 힘든 여정이다. 시내에서 버스를 타고 운전기사에게 트롤하우겐으로 간다고 말하니 30여 분 달리다가 근처에 내려준다. 그런데 버스에서 내린 후 아무리 찾아도 트롤하우겐을 알리는 이정표 하나 찾아볼 수가 없었다. 비 오는 날, 낯선 곳에서 트롤하우겐 주소 하나만 가지고 그리그 생가를 찾아가려니 좀 이상한 생각이 들기도 했다.

▲ 트롤하우겐이라고 불리는 베르겐의 그리그 생가

지나가는 사람들에게 물어물어 겨우 도착한 트롤하우겐은 방문객 하나 없이 안내인 혼자 망중한을 즐기고 있었다. 안내인은 내게 이것저것 묻더니 따라 오라며 우산을 들고 안내소를 나섰다. 안내소에서 50여 미터 떨어진 곳에 있는 그리그 생가는 언제나 안내인과 함께 가야 한단다. 오는 길의 수고스러움은 어디로 갔는지, 나만을 위해 안내를 해준다니 조금은 기분이 좋으면서 묘한 기분이 들었다.

트롤하우겐은 그리그가 오슬로에서 돌아와 니나와 여생을 보내기 위해 마련한 2층짜리 집으로, 외관은 온통 숲으로 둘러싸여 있고 바다가 내려다보이는 언덕에 자리하고 있었다. 집 안에는 그리그가 살아있을 때 쓰던 것들인 피아노와 오선지, 낡은 만년필 등이 그가 쓰던 장소에 그대로 놓여 있었다.

생가 옆에는 푸른 잔디를 입힌 노르웨이 전통가옥 모양의 음악당이 있는데, 1985년에 문을 연 이 음악당은 189석으로 여름 내내 음악회가 열린다고 한다. 집 옆으로 난 작은 계단을 따라 내려가면 그리그가 작곡할 때 이용하던 작은 오두막이 나온다. 그 안에는 바다를 향해 책상이 놓여 있고 그 옆에는 피아노와 소파가 있었다.

그리그와 니나는 생가 오른쪽으로 난 작은 길을 내려가면 보이는 절벽 가운데 안장되어 있었다. 바다가 보이는 곳에 묘를 마련해 달라는 그의 유언에 따라 바다가 보이는 절벽 한가운데를 파내고 그 안에 그리그 부부를 안치했다. 부부는 그곳에서 나무 사이로 바다를 내다보며 무슨 생각을 하고 있을까?

Tip

베르겐 음악제

매년 봄이면 그리그 생가에서 베르겐 음악제가 열린다. 베르겐 음악제는 그리그가 노르웨이 음악협회를 이끌던 1898년부터 소규모로 시작됐는데, 1953년부터는 베르겐 축제로 규모를 확대해 지금까지 열리고 있다. 음악, 춤, 문학, 비주얼 아트 등 다양한 분야에서 세계 각국의 예술가들이 참여하는 북유럽 문화 축제로 유명하다. 이 축제는 매년 4월 말에서 5월 초까지 2주에 걸쳐 트롤하우겐을 비롯한 베르겐 시내 곳곳에서 열린다.

▲ 그리그가 작곡할 때 사용했다는 빨간 통나무집에는 바다를 향해 책상이 놓여 있다.
이곳에 앉아 바다를 보며 작곡을 했을 그리그를 떠올려본다.

비겔란의 꿈

갈색 치즈와 호밀빵, 그리고 커피

인구 60만의 도시 오슬로, 중앙역에서 왕궁까지 이어지는 칼 요한스 거리를 따라 걸으면 주요한 역사적 건물과 박물관 등을 만나게 된다.

19세기 초에 스웨덴과 노르웨이 왕을 겸한 칼 요한 14세Karl XIV Johan, 1763~1844의 이름을 붙인 이 길을 단번에 가려고 잰걸음으로 걸으면 재미가 없다. 예쁜 카페가 많은 거리니 쉬엄쉬엄 걷다 적당한 곳을 발견하면 잠시 쉬어 가는 게 좋다. 커피 한잔에 뭉크와 입센에 대한 이야기를 떠올리며 그 분위기를 상상해보는 것도 오슬로를 여행하는 또 다른 즐거움이 되기 때문이다.

오슬로를 처음 방문한 여행자라면 중앙역 부근의 볼거리도 놓쳐서는 안 된다. 대표적인 것이 오페라하우스다. 오슬로 오페라하우스는 2008년 4월 12일 개관했는데 '마법의 양탄자'라는 별명을 가지고 있다. 보통 때는 시민들이 오페라하우스 지붕에 올라가 산책을 즐기며 쉬는 공간이지만, 공연이 있

▲ 중앙역에서 왕궁까지 이어진 칼 요한스 거리는 밤이 되면 운치가 더해진다.

는 날에는 지붕이 객석이 된다. 지붕 위에서 창문을 통해 오페라를 관람하는 특별한 경험을 할 수 있다.

오슬로 중앙역에서 오슬로 항구 쪽으로 10분만 걸어가면 뜻밖에도 보물 같은 성채를 만날 수 있다. 바로 아케르스후스 요새다. 이 요새는 호콘 5세 Håkon V, 1270~1319 때인 13세기에 적의 공격으로부터 도시를 방어할 목적으로 지은 곳으로, 이후 왕실 감옥으로 사용되기도 했다. 20세기 들어서면서는 박물관으로 사용하고 있다.

오페라하우스와 아케르스후스 요새를 다녀왔다면 곧장 칼 요한스 거리를 따라 올라가보자. 칼 요한스 거리에 든 지 얼마 되지 않아 바로 그랜드 호텔을 만날 수 있다. 이곳 카페에는 입센이 즐겨 앉았던 지정석이 있는데, 그가 썼던 것과 똑같은 모자를 놓아 두었다. 그가 얼마나 이곳을 자주 찾았는지 짐작이 간다. 권위적인 입센을 꼼짝 못 하게 앉혀놓고 스케치를 하고 있었을 뭉

▲ '마법의 양탄자'라는 별명을 가진 오슬로 오페라하우스(왼쪽), 오슬로 항에서 바라본 아케르스후스 요새(오른쪽)

크를 생각하면 절로 웃음이 난다. 둥지 같은 실크 모자와 가슴에 훈장을 주렁주렁 단 검은 코트를 입고 뒤뚱거리며 카페에 들어섰을 입센의 모습을 떠올리니 슬며시 웃음이 났다.

그랜드 호텔 카페를 나와 이번에는 다시 항구 쪽으로 향했다. 항구에서 울려퍼지는 재즈의 선율이 어서 오라는 듯 흥겨움을 더한다. 저녁노을을 받은 항구에는 갈매기들의 춤사위가 분주하다. 항구 앞 오슬로 시청사도 황금빛을 발한다. 문득 시청사 주변을 감싸듯 설치된 동상들이 눈에 들어왔다.

오슬로 시청사는 볼수록 명물이다. 건물이 멋있어서가 아니다. 사각의 시멘트 건물을 의미 있는 건물로 만들었기 때문이다. 건물 앞쪽에는 여러 노동자들의 동상을 만들어 함께 사는 사회임을 강조하고 있다. 건물 뒤편에는 선조들이 믿었던 절대자 오딘, 즉 북유럽 신화를 작품으로 형상화한 부조물을 두어 누구나 볼 수 있도록 해놓았다.

그렇게 신화는 신화로 끝나는 것이 아니다. 신화는 전통이 되고 새로운 문화로 자리매김할 수 있게 된다. 개신교[루터교] 국가인 노르웨이가 북유럽 신화를 작품화해 시청사에 전시해 놓은 것은 자신들의 뿌리가 어디인가를 암시하는 중요한 증거이다. 뿐만 아니라 개신교 국가에서 민간신앙을 공공장소에서 볼 수 있도록 한 마음 씀씀이를 무어라 평해야 할까? 역시 절규의 도시 오슬로답다고 해야 할까?

그러니 오슬로를 그냥 슬쩍 지나치지 말고 천천히 걸으면서 느끼고 즐기면 좋을것이다. 거창한 어떤 것을 찾으려 하지 말고, 슬며시 이 골목 저 골목 기웃거리며 때로는 길을 잃어도 괜찮다. 그러다 보면 뜻하지 않게 절규하게 될 광경을 목격하게 될지도 모른다. 오슬로 특산물인 갈색 치즈와 갓 구운 호밀빵, 그리고 향내 나는 커피는 덤이다. 그렇게 걸으며 칼 요한스 거리에 닿으면 노르웨이 왕궁이 나오고, 왕궁을 지나 10여 분만 더 가면 비겔란 공원이다.

비겔란 조각공원

구스타브 비겔란Gustav Vigeland, 1869~1943, 그는 1921년 오슬로 시와 특별한 계약을 맺는다. 오슬로 시가 작업실을 내어주는 조건으로 그가 제작한 작품들을 오슬로 시에 기증하기로 한 것이다. 실제로 오슬로 시청사를 비롯해 시내 곳곳에서는 어렵지 않게 비겔란의 작품을 만날 수 있다.

1943년 비겔란이 숨을 거두자 오슬로 시는 그가 20여 년간 제작한 작품들을 모두 한 곳에 설치했다. 바로 비겔란 조각공원에 말이다. 비겔란 조각공원의 원래 이름은 프로그네르 공원이었다. 그러나 비겔란의 조각 작품들이 전시되면서 그의 이름으로 바뀌게 되었다. 이곳에는 그가 직접 제작한 다수의 화강암 작품과 청동 작품 등 다양한 자세를 취한 인간들의 모습이 실물 크기로 설치되어 있다. 아마 한 사람이 만든 작품들로만 채워진 조각 공원으로는 그야말로 세계에서 가장 클지도 모르겠다.

한 가지 재미있는 것은, 비겔란과 노르웨이 정부가 계약한 1921년은 노르웨이가 1905년 스웨덴에서 독립한 지 얼마 지나지 않은 시기로 정부에서는 그에게 독립이나 민족의식을 고취하는 작품을 요구했을 법도 한데, 공원 어디를 봐도 그런 분위기의 작품은 찾을 수 없다는 것이다. 그저 보통 사람들의 평범한 일상만 보일 뿐이다.

이 중에서 눈에 띄는 작품은 세계에서 가장 큰 화강암 조각품인 '모노리텐Monolitten'이다. 높이가 17m나 되는 작품인데, 멀리서 보면 그저 큰 기둥처럼 보이지만 가까이 다가가 보면 121명의 남녀가 여러 형상으로 몸부림치고 있는 모습을 하고 있다. 실제 사람 크기로 만든 작품에는 인간의 탄생부터 죽음까지 삶의 모든 과정이 담겨있다.

야외 정원에도 다양한 작품들이 전시되어 있다. 다리 양쪽 난간에 있는 인간의 일생을 표현한 58개의 청동 조각상이 인상적이다. 아쉽게도 가장 멋지다는 '거인들의 분수Giantsfountaint'는 겨울이라 분수가 나오지 않아 그 모습을 머

▲ 큰 기둥처럼 보이는 모노리텐을 가까이서 보면
121명의 남녀가 다양한 모습으로 몸부림치는 것을 볼 수 있다.

릿속으로만 상상하는 수밖에 없었다.

무엇보다 공원에 설치된 비겔란의 작품들은 하나같이 실제 인간들의 표정을 빼닮았다. 기뻐하고 슬퍼하는 모습과 깔깔대며 웃는 모습들조차 보통사람들의 모습 그대로다. 엄마와 아빠, 그리고 아들과 딸의 다양한 모습들은 하늘을 향해 춤을 추는 듯하다. 조각가로서 뿐만 아니라 이 공원에 작품을 배치하는 일부터 가로수를 심는 일까지, 심지어는 화단 위치까지 그 모든 걸 비겔란이 직접 기획했다고 하니 그야말로 이곳은 비겔란 작품 그 자체라고 할 수 있겠다.

비겔란은 공원을 꾸미고 작품을 설치하며 무슨 생각을 했을까? 그의 작품들을 보면서 느끼는 감정 그대로 평범한 사람들이 함께 어울려 사는 그런 세상을 상상한 것은 아닐까. 함께 사는 세상! 어쩌면 이것이 그 어떤 이념보다 소중한 인간 사회의 가치가 아닌지 생각하게 된다. 동시에 우리나라에도 이런 공원 하나쯤 있으면 좋겠다는 생각이 들었다. 공원 어딘가에서 내 모습을 빼닮은 작품을 만나볼 수 있다면 나는 매일 그리로 가 그들과 함께 춤추고 노래하고 싶을 것이다.

▲ 보통사람의 모습을 그대로 닮은 비겔란의 작품들

인형의 집에 사는 남자, 입센

오슬로의 상징 입센

노르웨이 수도 오슬로는 입센의 도시라고 해도 무방하다. 칼 요한스 거리 한가운데 위치한 그랜드 카페는 마치 입센을 위해 존재하는 듯 보인다. 입센의 고향은 베르겐이지만 주로 오슬로에서 활동했던 탓에 그가 살던 아파트는 지금도 '입센 박물관'으로 남아있다. 심지어 그의 작품을 공연하기 위해 1899년 국립극장이 문을 열었다. 그가 매일 산책하며 걸었던 칼 요한스 거리는 지금도 오슬로에서 가장 번화한 거리다.

입센 박물관은 그가 죽기 전 11년간 살던 집으로 입센의 친필 원고와 사진, 소지품 등 각종 자료들을 만날 수 있다. 입센이 작업하던 서재에는 그의 외아들 시구르드[입센은 북유럽 신화에 등장하는 영웅 '시구르드'를 아들의 이름으로 지어주었다]의 초상화가, 입구 쪽에는 그와 라이벌 관계에 있던 아우구스트 스트린드베리의 초상화가 걸려있다. 입센은 스트린드베리를 '네메시스[오만에 대한 보복을 상징하는 여신]'라고 부르며 "네메시스가 지켜보는 가운데 작업을 할 필요가 있다."라고 말했다고 한다.

가히 입센다운 오기다.

입센의 오기는 그의 면면을 보여주는 각종 삽화들을 보면 금방 알 수 있다. 그의 작품과 상관없이 입센은 언제나 독선적이고 고집불통으로, 북유럽 신화의 절대자 오딘과 맞먹는 권위를 가졌다는 평가를 받기도 했다. 이는 어쩌면 입센이 가지고 있는 외모에 대한 열등감 때문이었을 수도 있을 것이다. 키가 작은 입센은 그걸 감추기 위해 언제나 정장을 입고, 정부가 수여한 온갖 훈장을 주렁주렁 달고 근엄한 모습으로 집을 나섰다고 한다.

그런 입센에게 그의 부인은 가장 날 선 비판자이자 동료였다. 아내 수잔나는 한때 화가를 꿈꾸던 입센에게 글쓰기 재주가 더 많다는 걸 알고 집필에 집중하도록 그를 자극하고 뒷바라지를 아끼지 않았다. 작업을 마친 입센은 아내가 읽어주는 책을 들으며 영감을 얻기도 했다. 그녀는 근엄한 입센에게 유일하게 따스한 버팀목이 되어준 사람이었다.

입센은 매일 오전 9시에 작업을 시작해 11시 반이 되면 무조건 중단하고 그랜드 카페로 향했다. 그랜드 카페에서 그는 사람들을 관찰하고 신문을 읽었다. 그는 아파트에서 걸어서 10분도 채 걸리지 않는 그랜드 카페를 10년간 거의 매일 출근하다시피 갔다가 오후 2시가 되면 어김없이 집으로 돌아왔다. 지금도 카페에는 그가 앉았던 테이블에 그가 즐겨 썼던 모자를 놓아두고, 그를 기리고 있다.

그러니 오슬로에서 그의 흔적은 절대 지워지지 않을 듯싶다. 아니 그의 흔적은 오히려 점점 더 오슬로의 상징처럼 자리를 잡아가고 있었다.

▲ 거의 매일 정장 차림으로 집을 나서 그랜드 카페로 향하는 입센

▲ 입센은 언제나 같은 시간에 카페에 나타나 같은 자리에서 신문을 읽거나 사람 구경을 했다고 한다.

자유를 찾은 사내
입센

입센은 그의 고향 노르웨이 남부에 있는 시엔[Skien]에서 어린시절을 보냈다. 15살이 되던 해에 입센은 고향을 떠나 그림스타드[Grimstad]로 간다. 그곳에서 약국 조수로 일하며 수잔나를 만났고, 시구르드를 낳아 아버지가 되었다.

20살에 크리스티아나[오슬로의 옛 이름]에 정착한 입센은 어려운 시기를 보내게 된다. 수입은 없고 생활에 대한 스트레스는 점차 쌓여만 가고. 그러다 술에 빠진 그는 급기야 자살을 시도하기도 했다. 오랫동안 고통에 시달리던 그는 결국 노르웨이를 떠나기로 결심하고 1864년에 가족들과 이탈리아로 향한다.

1866년, 입센은 로마에서 심혈을 기울인 작품 「브란드[Brand]」를 발표하고, 1867년에 「페르 귄트[Peer Gyunt]」를 발표하며 극작가로서의 위치를 확고히 다진다. 그 후 「인형의 집[Et Dukkhehjem, 1879]」과 「유령[Gegangere, 1881]」 등을 계속 발표해 작가로서의 입지를 다졌다. 그렇게 28년간을 독일과 이탈리아에서 생활했던 그는 1892년에 마침내 오슬로로 돌아오게 된다.

입센은 총 26편의 희곡과 1권의 시집을 남겼다. 우리에게는 「인형의 집」이 많이 알려졌지만 사실 노르웨이에서는 「페르 귄트」로 많은 사랑을 받았다. 페르 귄트는 장대한 5막의 극시로 그 안에는 노르웨이 신화는 물론 모험과 도전을 좋아하는 그들 국민성이 담겨 있기 때문이다.

「인형의 집」 주인공 노라는 이렇게 말했다. “나는 단지 아버지 집에서 남편 집으로 옮겨왔을 뿐이고, 아내이자 어머니라는 역할만 가지고 있을 뿐이다.”

이 말은 여전히 우리에게 강한 메시지를 전하고 있다.

입센은 죽기 전 마지막으로 「우리가 죽은 자를 깨울 때1899」라는 작품을 남겼다. 어쩌면 입센이 처음으로 자기 내면을 드러낸 작품인지도 모르겠다는 생각이 들었다. 소설 「율리시스」를 쓴 제임스 조이스는 입센의 이 작품을 읽기 위해 노르웨이어를 배운 적이 있다고 고백하기도 했다.

작품에서 절규하듯 자유를 외친 입센.

"나는 자유다, 나는 자유다, 나는 자유다. 감옥에서의 삶은 더 이상 없다.
나는 새처럼 자유롭다. 나는 자유다!"

그렇게 자유를 외치고, 입센은 세상을 떠났다. 1906년 5월 23일이었다.

절규의 도시, 오슬로

자연의 위대한 절규

오슬로에 갈 때에는 맑은 날을 골라 갈 일이다. 그래야 '절규'를 잘 볼 수 있다. 박물관에 있는 뭉크의 작품 '절규'가 아니라 뭉크가 봤던 오슬로 항구의 '핏빛 같은 절규' 말이다. 그걸 보지 못하고 뭉크의 절규를 보았다고, 입센의 자유를 알게 되었다고, 그리그의 페르 귄트를 들었다고 하지 말라. 모두가 신화 속 거인들이 뿜어내는 불같은 열정이 만들어낸 판타지, 그게 바로 '절규'이니 말이다.

스칸디나비아 반도, 그중에서 가장 긴 해안을 가지고 있는 나라 노르웨이. 일 년 중 3개월 정도만 해를 볼 수 있고 언제나 어두컴컴하고 추운 나라. 태양보다 비를, 푸른 하늘보다 흰 눈을 더 많이 만나는 나라. 그래서 스칸디나비아의 수호신 스카디처럼 산악 지방을 돌아다니며 스키라도 타야 직성이 풀리는 나라. 자칫 무료함과 우울증에 빠져들 수 있는 음습한 기후와 산악 지형은 사람들을 '절규'하게 만든다.

뉴욕 소더비 경매에서 피카소를 누르고 세계 최고 경매가를 세운 뭉크의 '절규', 무엇이 그를 '절규'하게 만든 것일까? 경매에 나온 뭉크의 작품에는 뭉크가 직접 쓴 시가 붙어 있었다.

나는 친구 두 명과 함께 길을 걷고 있었다.
석양이 깔렸고 하늘은 핏빛으로 물들었다.
그리곤 멜랑콜리한 기분이 스치고 지나갔다.
나는 멈춰 섰다.
검푸른색 위에서 죽을 정도로 피곤했다.
피오르드와 도시는 피와 불 사이에 걸려 있었다.
친구들은 계속 걸어갔고 난 뒤에 남았다.
극도의 불안 속에 떨면서…
그 순간 난 자연의 위대한 절규를 느꼈다.
– 뭉크의 '절규'[3]

인간이 지니고 있는 슬픔과 불안, 기쁨과 환희는 어쩌면 동전의 양면 같은 것일지도 모른다. 그래서 뭉크의 '절규'는 오슬로 항구의 핏빛 같은 저녁노을을 보고 난 후 보아야 그 기분을 제대로 느낄 수 있다. 그러니 비 오는 날 박물관에서 뭉크의 절규를 보고 있는 것처럼 아쉬운 일은 없겠다.

---

3 이 시는 뭉크가 1892년 1월에 쓴 일기다.

▲ 저녁 노을이 질 무렵 핏빛으로 물든 오슬로 항구

뭉크가
'절규'한 이유

1868년 겨울, 뭉크의 어머니는 결혼한 지 8년 만에 결핵으로 죽음을 맞았다. 그때 어머니의 나이 겨우 30세였다. 그녀는 일곱 살의 소피에, 여섯 살의 에드바르드[뭉크], 세 살의 안드레아스, 두 살의 로이라, 11개월 된 잉게르, 이렇게 다섯 아이를 두고 떠났다. 여섯 살에 맞이한 엄마의 죽음, 여기에 뭉크가 13살이 되던 해에는 그동안 엄마를 대신했던 누나 소피에마저 결핵으로 세상을 떠나고 만다.

뭉크는 분명 내면에 적지 않은 혼돈과 심리적 우울증을 겪으며 어린시절을 보냈을 것이다. 그러나 미술학교를 졸업하고 파리로 간 이후, 청년이 된 뭉크의 삶의 궤적은 달라지고 있었다. 뭉크는 파리에서 여러 대가들을 만나며 '그림은 살아있는 인간을 그려야 한다'는 생각을 하게 되었다. 이후 오슬로로 돌아온 그는 극작가 입센과 노르웨이 소설가 크누트 함순 등과 사귀며 그들의 사상에 심취한다. 뭉크는 그들과 사회에 대한 의견을 나누며, 특히 입센의 사회주의 리얼리즘에 친밀감을 느끼고 그의 작품에 삽화를 그리기도 했다.

뭉크는 인간의 원초적인 모습을 통해 끊임없는 생명을 추구하고자 했다. 그래서 그의 그림은 결코 절망에 빠져 있는 것이 아니라 오히려 절망 속에서 새로운 희망을 예견하게 된다. 24살이 되던 1892년 9월 24일, 뭉크는 베를린에 거주하고 있는 노르웨이 출신의 화가 아델스텐 노르만에게서 한 통의 편지를 받는다. 전시회 초청장이었다. 독일에서의 전시회는 성공을 거둔다.

그 후 뭉크는 1893년부터 1908년까지 15년간 독일에서 생활하며 유명 화가로 자리를 잡았다.

얼마 후 정권을 장악한 히틀러가 북유럽 국가들을 회유하기 위해 뭉크에게 협조를 부탁했다. 그러나 뭉크는 이를 거절한다. 그러자 뭉크에 대한 히틀러의 찬사는 순식간에 경멸로 바뀌었고, 그의 그림은 박물관에서 떼어내 헐값에 내다팔리는 처지가 되었다. 당시 뭉크의 그림뿐 아니라 세잔, 고흐, 고갱, 마티스, 피카소, 브라크, 샤갈 등 유명 작가의 작품들 대부분도 경매를 통해 처분되거나 불태워졌다. 그렇게 1939년 한 해 동안 불태워진 작품은 유화 1,004점, 수채화 3,825점 등이다. 이후 노르웨이를 점령한 독일은 또다시 뭉크에게 손을 내밀었다. 혹시나 노르웨이인들의 협력을 끌어낼 수 있지 않을까 기대했기 때문이다. 그러나 뭉크는 또다시 제안을 거절했다.

에드바르드 뭉크, 이 이름을 알지 못하는 사람도 〈절규〉라는 작품은 알 것

◀ 뭉크의 〈절규〉

이다. 이 작품은 뭉크 자신이 느끼고 있는 불안과 공포를 구체화시켜 상징적으로 표출한 것이다. 뭉크의 '절규'는 단지 개인적인 절규가 아니다. 유럽 사회 구조가 지닌 우울증과 구조적 신경쇠약을 나타내기에 뭉크의 절규에 공감하게 된다. 우리 사회의 '절규'도 뭉크가 겪었던 사회와 결코 다르지 않으니 말이다.

베르겐에서 만난 뭉크

뭉크의 작품을 오슬로 국립박물관과 뭉크 박물관에서 보는 것만으로는 부족했다면 베르겐 예술박물관으로 가보자.

베르겐은 노르웨이 제2의 도시로 15세기를 전후해 한자동맹에 가입해 북유럽 해상무역 거점 도시로 번성했던 곳이다. 노르웨이 수도이기도 했던 베르겐의 포구 근처에는 당시의 고풍스러운 건축물들이 즐비하다. 지금은 유네스코 세계문화유산에 등재되어 박물관과 기념관 등으로 사용되고 있다.

그 중에서도 단연 으뜸은 베르겐 예술박물관[Rasmus Meyer Collection]이다. 베르겐의 거상 메이어가 유럽과 오슬로를 오가며 모았던 노르웨이 작가들의 작품을 전시한 곳으로 1924년에 일반에 공개했다. 한 사람의 집요한 노력이 만든 결과다. 노르웨이인들은 예술을 사랑한 선조들 덕에 편히 작품을 감상할 수 있으니 그것만으로도 축복이다.

베르겐 예술박물관은 작품들을 3개의 건물에 나누어 전시하고 있다. 세 번째 건물인 'KODE 3'에서는 뭉크를 비롯해 19~20세기 노르웨이 주요 화가들, 특히 노르웨이 화단의 대부격인 달의 작품 대부분을 볼 수 있다. 특히 이곳에서는 어디서도 쉽게 볼 수 없는 뭉크의 초기 작품들을 감상할 수 있다. 다른 건물에서는 가구와 노르웨이 예술가들의 현대 작품들을 주로 전시하고 있다.

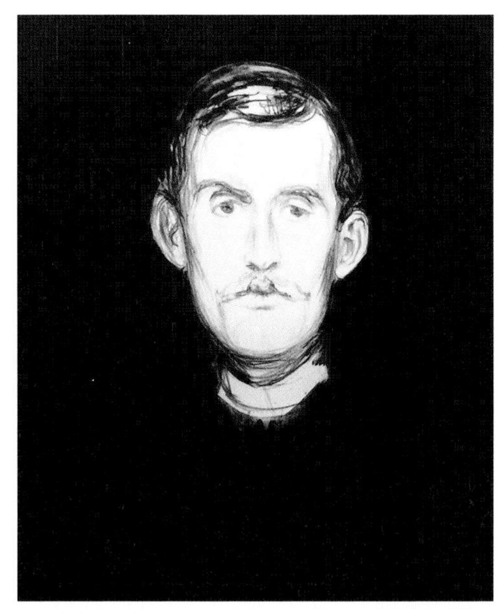

◀ 뭉크 〈자화상〉(1895/석판화)

▲ 뭉크의 작품을 볼 수 있는 베르겐 예술박물관 'KODE 3'

천 년 만에 깨어난 바이킹 선박들

오슬로 바이킹 선박 박물관

오슬로 바이킹 선박 박물관[4]에는 오슬로 피오르드 지역에서 발굴된 바이킹 선박들이 전시되어 있다. 이 배들은 바이킹 시대가 한창이던 9세기를 전후한 시기에 건조된 것들로, 배와 함께 소장품도 같이 발굴되었다. 오세베르그Oseberg와 곡스타Gokstad, 그리고 투네Tune와 보레Borre 지역에서 발굴되어 오세베르그 호, 곡스타 호, 투네 호, 보레 호라고 부른다.

오세베르그 호Oseberg Ship는 820년에 건조되어 1904년에 발굴된 것으로 길이는 21.6m, 최대 폭은 5.1m, 깊이는 1.6m로 결코 작은 배가 아니다. 오슬로에서 150km 떨어진 톤스베르그Tønsberg 지역의 오세베르그에서 발견된 이 배는 깊은 진흙 구덩이에 박혀 있었던 덕분에 배의 원형이 상대적으로 덜 파손

4 오슬로 바이킹 선박 박물관 사이트 http://www.khm.uio.no/english/visit-us/viking-ship-museum/

▲ 오슬로 바이킹 선박 박물관에 전시된 오세베르그 호

된 편이다. 선박에는 15쌍의 노가 있었고 정사각형 돛을 사용했다. 배의 앞뒤 장식은 바이킹 선박 특유의 '긴 뱀' 형상을 하고 있다. 가장 눈에 띄는 것 중 하나는 용머리 장식품으로, 5개가 발굴되었다. 이들 중 4개는 현재 전시 중이고 나머지 하나는 파손 상태가 심해 박물관 창고에 보관 중이다.

오세베르그 호를 발굴할 때 2 구의 여자 인골도 함께 출토되었다. 한 명은 50세 정도고, 다른 한 명은 70~80세 정도로 추정된다. 둘 중 누가 더 높은 지위에 있던 사람인지는 정확히 구분하지 못했다. 다만 둘 중 한 사람은 다른 사람의 시종이었을 가능성이 크다. 두 사람의 키는 153cm 정도였다. 귀족 장식품과 각종 가구류도 함께 발굴되었다.

곡스타 호Gokstad Ship는 890년에 건조되어 1880년에 발굴되었다. 900년에 정치적으로 영향력을 가진 남자가 죽자 이 배에 그를 매장한 것으로 보인다. 그의 키는 약 181~183cm 정도로 왕족이나 바이킹 수장이었을 것으로 추정된다. 이 외에도 말 12마리와 개 6마리로 장식한 침대와 소형 보트 3척도 발굴되었다. 곡스타 호는 상대적으로 온전한 상태였다. 이 배의 길이는 24m, 배 중앙의 폭은 5m, 양쪽 각각 16명씩 총 32명이 노를 저을 수 있는 전형적인 바이킹 선박으로 지금까지 노르웨이에서 발견된 바이킹 선박 중 규모가 가장 크다. 바이킹의 묘실로 사용되었던 배이기 때문에 발굴 당시 바이킹 시대 유물들을 싣고 있었던 것으로 추정된다.

투네 호Tune Ship는 1867년 오슬로 협곡, 동쪽 해안 근처에 있는 프레드릭스타드Frederickstad 인근의 작은 섬 롤브쇠이Rolvsøy에서 발견되었다. 910년에 장례용으로 만들어진 투네 호는 선수와 선미가 없는 것이 특징이다. 이 배의 길이

◀ 곡스타 호 발굴 현장

는 18m, 최대 폭은 4m로 배 밑바닥을 제외한 다른 부분이 부패된 채 발굴되어 선박의 모습은 많이 훼손된 상태이다. 원거리 항해용으로 이용된 듯한데 발굴 당시 남자의 인골과 목관, 마차 같은 부장품도 함께 발굴되었다.

마지막으로 보레 호Borre Ship는 앞서 소개한 3척의 바이킹 선박과 달리 900년 경에 제조된 것으로 추정되나 발굴 당시 배에 사용한 쇳조각들만 발견되어 형체를 알아볼 수가 없었다.

노르웨이 정부는 발굴된 바이킹 선박 중 가장 큰 곡스타 호를 복제해 세계에서 가장 큰 바이킹 선박인 '드라켄 하랄 호르파그레 호Draken Harald Hårfagre Ship'를 만들었다. 2016년 4월 이 배는 'Expedition America'의 기치를 내걸고 예

▲ 곡스타 호를 복제한 '드라켄 하랄 호르파그레 호'.
오슬로를 출발해 시카고 국제박람회장에 도착해 위용을 뽐내고 있다.

전의 바이킹들이 항해한 경로와 똑같이 오슬로를 출발해 아이슬란드와 그린란드, 그리고 뉴펀들랜드와 세인트로렌스 해로를 따라 장장 5개월 동안 항해를 했다. 그리고 시카고 국제박람회장에 도착해 선조들의 바이킹 선박 기술을 뽐내고 돌아왔다.

전설의 바이킹 '롱십'

바이킹 시대에 가장 위용을 자랑하던 배는 '롱십longship'으로, 일명 '긴 독사Long Serpent'로 불리던 배다. '드래건 호Dragon Ships'라고도 불렀는데 당시에 가장 길고 웅장한 모습을 보여주었기 때문이다. 선수에는 용의 머리를 깎아 만든 장식을 달았다. 이는 주술적인 의미로 선수에 용머리 장식을 하면 그 용의 무서운 위력이 배를 보호해준다고 믿었기 때문이다.

중세 시대에 이르기 전까지 나쁜 동물로 취급되지 않았던 용은 중세 시대가 되면서 사악하고 괴력을 발휘하는 나쁜 동물로 취급됐다. 이는 기독교가 전파되면서 기독교의 신보다 힘센 동물이나 괴력을 가진 존재들을 사탄이라는 이름으로 내몰면서 생긴 현상이다.

바이킹 시대는 아직 기독교로 개종이 이루어지지 않았던 시기다. 따라서 바이킹 함선들이 용머리 장식을 선수에 달고 위세를 떨치려 한 것은 당연한 처세였을 것이다. 바이킹 함선은 주로 왕과 바이킹 수장들을 위해 제작되었는데, 긴 독사라 부르는 바이킹 전함은 당시 노르웨이 왕 올라프 트뤼그바손Olaf Tryggvason, 960~1000의 자랑거리이기도 했다.

▲ 오세베르그 호에 부착된 은으로 된 용머리 장식

당시 용머리 장식을 선수에 매단 트뤼그바손 왕의 함대는 영국을 침공해 위력을 떨치기도 하지만, 결국 적들의 엄청난 공세를 견디지 못하고 침몰하고 만다. 잉글랜드 노섬브리아 백작인 에릭과 스웨덴의 올라프 왕, 그리고 덴마크 스베인 왕의 연합군은 71척의 전함을 가지고 스볼테르 협곡에서 매복하고 트뤼그바손 왕을 기다렸다. 트뤼그바손 왕은 단지 11척의 전함만으로 이들과 전투를 벌여야 했기에 속수무책으로 당하고 말았다. '긴 독사'는 더 이상 버티지 못하고 왕과 함께 수장되었다.

이때 스웨덴, 덴마크 연합군은 트뤼그바손 왕이 바다에 빠지는 순간 그를 생포하려 했지만 그는 방패로 머리를 덮고 물속으로 사라져 버렸다고 전해진다. 수백 년이 지난 지금 트뤼그바손 왕의 무용담은 어느새 바이킹 전설이 되었고, 그의 용맹스러움은 그가 997년에 건설한 도시 트론헤임 시내 한복판에 높이 솟은 기념탑으로 남아있다.

▲ '롱십'에 탑승해 지휘하고 있는 올라프 트뤼그바손 왕

로포텐으로
가는 길

로포텐 가는
세 가지 방법

노르웨이에서 가장 아름다운 곳 로포텐 제도. 바다에 떠 있는 크고 작은 섬들로 이어진 반도이기에 연중 기온이 그리 높지 않아 여름에는 최고의 피서지로, 북극권이라 겨울에는 오로라를 볼 수 있다. 뿐만 아니라 내륙에서 이어진 수백 킬로미터의 도로가 마치 징검다리처럼 바다 위 섬들을 연결해 최고의 드라이브 코스를 선사하기도 한다. 그래서 사람들은 로포텐으로 향한다.

로포텐 제도로 가는 방법은 크게 세 가지가 있다. 하나는 오슬로에서 비행기를 타고 로포텐 제도 오른쪽에 있는 이브네스 공항[Evenes airport]으로 가서 로포텐으로 들어가는 방법이다. 이브네스 공항에서 시외버스를 타면 로포텐 서쪽 끝에 있는 오[Å] 마을까지 갈 수 있지만 배차 간격이 확실하지 않고 원하는 곳에 차가 서지 않을 수 있어 제대로 된 여행이 힘들 수 있다. 그러니 로포텐 여행을 계획한다면 렌트카는 필수라고 생각하고 계획을 세우는 것이 좋다.

두 번째는 보되Bodo까지 기차나 비행기로 간 후 다시 배나 비행기를 타고 로포텐 제도 중간 지점인 스볼베르Svolvær로 들어가는 방법이다. 마지막은 기차나 비행기로 스웨덴이나 핀란드 최북단 도시에 도착한 후 렌트카로 로포텐을 다녀오는 방법이다. 참고로 로포텐에는 레크네스, 스볼베르, 이브네스 3개의 공항이 있는데, 레크네스와 스볼베르는 보되에서, 이브네스는 오슬로에서 비행기를 타야 갈 수 있다.

한편, 로포텐에서 숙소를 선택할 때는 흔한 호텔보다는 로르부어Rorbuer라는 통나무집을 숙소로 이용하는 게 좋다. 로르부어는 원래 어부들이 창고로 쓰거나 임시 숙소로 사용하기 위해 만들어놓은 공간인데, 최근에는 관광객 유치를 위해 개조하여 숙소로 제공하고 있다. 물론 외관은 예전 그대로이지만 내부에는 편의시설을 갖추어 놓아 고급 호텔보다 분위기나 시설이 더 좋다.

끝으로 로포텐에 머무는 동안 부디 좋은 날이 계속되기를, 그리고 그 좋은 날에 황홀한 오로라를 만나 더없는 즐거움을 누릴 수 있기를 간절히 기도해야 할 것이다. 바다에 떠있다시피한 로포텐 제도에는 항상 구름이 몰려 있어 생각보다 맑은 날을 만나기가 쉽지 않기 때문이다.

북극의 관문 '보되'를 거쳐서

나는 로포텐으로 가기 위해 세 가지 방법 중 두 번째 방법을 선택했다. 지구의 북쪽 꼭짓점인 북극으로 가기 위한 첫 번째 관문이자 중간 기착지인 보되를 보고 싶었기 때문이다. 노르웨이의 험준한 산악 지형

▲ 하늘에서 바라본 보되의 풍경

때문에 더 이상의 기찻길이 연결되어 있지 않아 보되는 노르웨이 철도의 종착지다. 오슬로에서 출발해 종착지인 보되 기차역에 도착하면, 1층의 기차역 대합실과 2층의 호스텔 건물을 만나게 된다.

보되는 북위 66.33도에 위치한 곳으로 이곳부터 북극권이라고 한다. 보통 6월 초에서 7월 초까지 한밤중에도 해가 지지 않는 백야 현상을 볼 수 있다. 뿐만 아니라 겨울철에는 오로라도 볼 수 있는 곳이다. 만약 보되에서 반나절 정도 머무르게 된다면 보되 인근의 피오르드 관광을 해보는 것도 좋다. 시내에 있는 관광 안내소에서 진행하고 있으니 어렵지 않게 볼 수 있을 것이다.

1903년에 지어진 노르드란드 박물관은 보되에서 가장 오래된 건물 중 하나로 유네스코 세계문화유산으로 등재된 곳이다. 박물관에서는 북극권에서 사육 중인 순록과 스칸디나비아의 원주민으로 알려진 사미인Sapmi의 생활상을 볼 수 있다.

노르웨이의 보석,
로포텐

이제 보되를 출발해 로포텐으로 향한다. 노르웨이 북쪽에 위치해 '세상에서 가장 아름다운 섬'이라고 불리는 로포텐 제도 어쩌면 트롤들의 엘도라도일지도 모른다. 보면 볼수록, 가면 갈수록 빠져드는 묘한 매력을 지닌 곳이 바로 로포텐 제도다.

로포텐 지역은 바이킹들이 노르웨이 북쪽으로 진출하면서 이곳에서 잡아들인 대구를 말려 해외 원정길에 식량으로 사용하면서 그 중요성이 강조된 곳이다. 지금도 로포텐에 가면 이른 봄부터 수많은 대구 덕장에서 대구를 말리는 모습을 볼 수 있다. 우리의 황태 덕장과 별반 다르지 않은 모습에 친근함이 느껴졌다. 무엇보다 이곳이 반가운 이유는 대구 요리와 맥주를 함께 먹을 수 있다는 것이다. 그 맛은 오랜 시간이 흐른 지금까지도 기억이 난다. 이 지역은 워낙 바람이 많은 곳이라 대구 덕장 바닥에 떨어진 대구를 어렵지 않게 구할 수 있다. 그래서 보물찾기를 하듯 땅에 떨어진 행운을 만나는 날에는 맥주를 여러 병 비우게 된다.

로포텐 제도는 모두 6개의 큰 섬으로 이루어져 있는데 각각의 섬은 다리와 터널로 연결되어 있어 자동차로 여행하는 데 어려움이 없다. 로포텐 제도 가장 동쪽의 이브네스 공항에서 가장 서쪽 끝의 오 마을에 이르기까지 마치 하나의 섬처럼 연결되어 있다.

무엇보다 로포텐을 상징하는 대표적인 모습은 역시 알록달록한 로르부어의 그림 같은 모습이 아닐까 싶다. 어부들이 작업실 겸 휴식 공간으로 지어놓은 로르부어는 통나무집을 넘어 노르웨이를 상징하는 아이콘으로 자리잡았

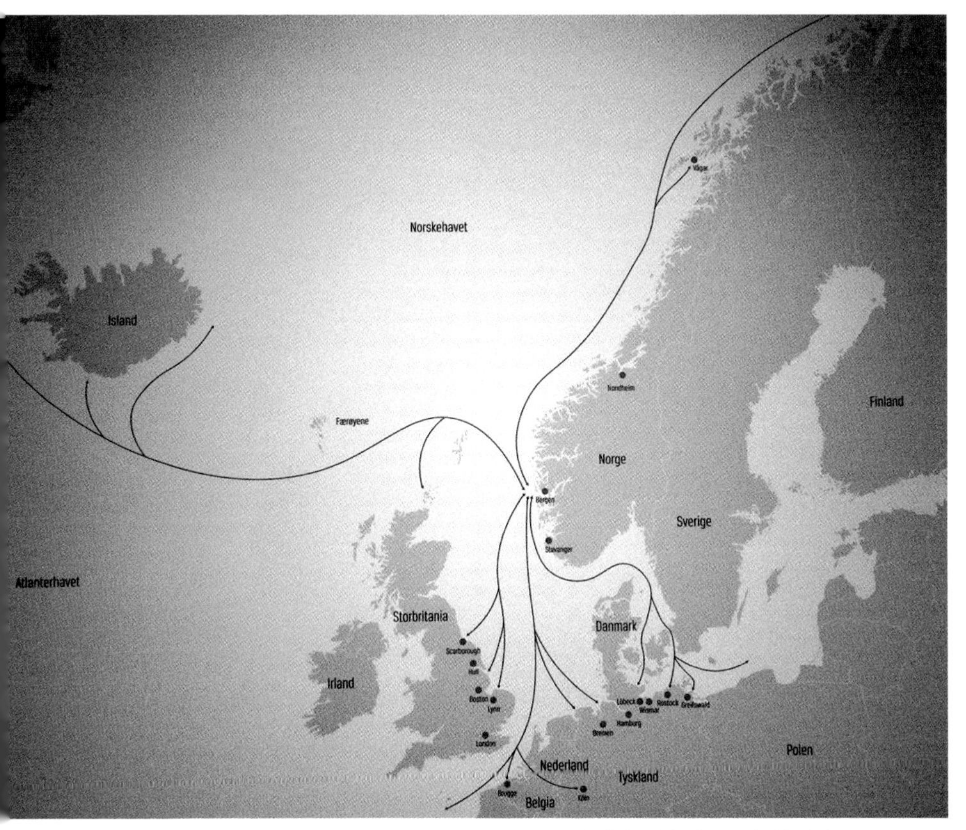

▲ 박물관에 있는 말린 대구 판매 루트는 당시 바이킹의 원정 루트와 비슷하다.

▲ 로포텐의 대구 덕장은 강원도의 황태 덕장과 별반 달라 보이지 않는다.

다. 그만큼 로르부어의 모양과 색이 독특하다.

날씨가 좋으면 인근 산에 올라 영롱한 빛깔의 바다와 산을 구경하는 것도 좋다. 해발 200~300m 정도 되는 산이지만 바닷가부터 오르기 때문에 생각보다 만만치 않다. 더구나 로포텐에서 맑은 날을 만나기가 쉽지 않기 때문에 전문 등산화는 아니더라도 걷기에 편한 신발을 꼭 준비해 가야 한다. 그렇게 로포텐 산에 올라 탁 트인 전망을 보면 그야말로 신선이 된 듯한 착각마저 든다. 특히 로포텐 서쪽에 있는 레이네Reine 마을이 내려다보이는 레이네브링겐 전망대에 올라 바라보는 경치는 무엇과도 비교할 수 없을 만큼 아름답고 환상적이다. 그렇기 때문에 로포텐에 갈 때는 가능한 하이킹을 해보면 좋을 것이다. 하이킹 코스에 대한 정보는 머물고 있는 숙소에서 친절하게 알려준다.

▲ 대구잡이 어부들이 사용했던 붉은 색의 로르부어는 로포텐을 상징한다.

로포텐 반도는 북극권 지역이기 때문에 가을부터 봄까지 오로라를 볼 수 있다. 뿐만 아니라 한 여름에는 백야 현상도 즐길 수 있다. 사실 로포텐 여행에서 가장 문제가 되는 것은 바로 날씨다. 멕시코만 난류의 영향으로 한겨울에도 상대적으로 따뜻한 해류가 흘러 구름이 많이 발생해 비나 눈이 많이 온다. 그러니 로포텐을 갈 때는 가능한 좋은 날씨를 점지해(?) 찾아가야 할 것이다.

▲ 로포텐 중간 지점인 헤닝스베어 포구의 풍경

오로라가 춤추는 트롬쇠

요툰헤임의 수도 트롬쇠

이브네스 공항을 출발한 비행기는 이제 트롬쇠Tromsø로 간다. 트롬쇠를 가는 이유는 오직 하나, 오로라를 보기 위해서다. 트롬쇠는 북극권에 있기 때문에 날씨만 좋으면 오로라를 볼 확률이 높아 많은 관광객이 찾는 곳이다.

노르웨이 북쪽의 1월 날씨는 생각보다 춥지 않았다. 멕시코만 난류의 영향으로 아무리 추워도 영하 20도 아래로 내려가는 일이 드물다. 사람들이 트롬쇠를 좋아하는 이유이기도 하다.

이브네스 공항에서 트롬쇠로 가는 1시간 동안 서북쪽 피오르드 해안 지역을 지나게 되는데, 이때 하늘에서 바라보는 노르웨이는 그야말로 동화 같은 얼음 왕국이다. 황홀한 풍경 어딘가에서 트롤이 튀어나올 것 같은 느낌이 든다. 저곳은 요툰헤임이 아닐까. 어둠이 찾아오면 하늘에서는 오로라가 춤을 추고 있을 테니 혹시라도 비행 중에 하늘에서 오로라를 볼 수 있다면 얼마나 환상적일까, 잠시 꿈을 꾸어본다.

꽁꽁 얼어붙어 있는 도시, 그러나 따뜻한 도시 트롬쇠. 이곳의 위도는 북위 69도 40분 33초, 북극의 파리라고 부르기도 하는 이곳에는 7만 명의 주민이 살고 있다. 겨울에는 오로라와 함께 지낼 수 있고, 여름에는 백야를 즐길 수 있어 많은 관광객들이 찾아오는 곳이다. 뿐만 아니라 북극해의 주요 무역기지라는 지리적 위치와 대학이 있는 도시로서는 세계 최북단이라는 것도 이곳이 유명한 이유다.

19세기 후반에는 북극 탐험대가 이곳을 전초기지 삼아 탐험에 나서기도 했다. 지금도 수많은 북극 탐험대들이 이곳을 출발점으로 삼고 탐험을 시작

▲ 해발 421m의 '스토르스테이넨' 산 정상에서 바라본 트롬쇠.
윗동네와 아랫동네를 가로지르는 강이 마치 요툰헤임과
아스가르드를 가로질러 흐르는 이빙 강 같다.

하고 있어 '북극의 관문'이라고도 부른다. 무엇보다 이곳에는 세계 최초로 남극점과 북극점을 모두 탐험한 탐험가 아문센의 생가가 있다. 제2차 세계대전 때는 노르웨이 정부가 이곳으로 피신을 하여 임시정부를 세우기도 했다.

도시를 지키는 421m의 '스토르스테이넨' 산에는 케이블카가 있어서 쉽게 정상에 오를 수 있다. 트롬쇠로 오는 비행기에서 보았던 황홀한 요툰헤임의 모습을 어쩌면 산 정상에서도 볼 수 있을지 모른다는 생각에 서둘러 산으로 향했다. 생각대로 정상에서 바라본 도시는 기대 이상이다. 특히 트롬쇠를 가로질러 흐르는 강을 중심으로 윗동네와 아랫동네로 양분된 느낌인데, 문득 저 강이 요툰헤임[지옥]과 아스가르드[천국] 사이를 가로질러 흐르는 이빙 강일 지도 모르겠다는 생각이 스쳐 지나간다.

트롬쇠 오로라 관광단을 따라 한 시간 반이나 걸려 바닷가로 나가 오로라를 만났다. 아쉽게도 오로라는 남동 방향의 바다 쪽이 아닌 북서 방향의 마을에 나타났다. 바다를 배경으로 한 멋진 오로라를 담고 싶다는 바람은 물거품이 되었지만, 그래도 어렵게 만난 오로라를 한참 동안 넋을 잃고 바라볼 수 있었으니 그저 행복하다고밖에 달리 할 말이 없었다.

사랑의 불빛,
오로라

'여명'을 뜻하는 오로라는 1621년 프랑스 과학자 피에르 가센디가 로마 신화에 나오는 여명의 신 아우로라[AURORA]에서 이름을 따왔

▲ 트롬쇠에서 만난 오로라

다고 한다. 영어로는 노던 라이트[Northern Light], 라틴어로는 '여명을 닮은 북녘의 빛'이라는 의미의 오로라 보레알리스[Aurora Borealis], 그리고 북반구와 다르게 남반구에 나타나는 오로라는 오로라 오스트랄리스[Aurora Austrails]라는 명칭을 사용한다.

짙은 초록색이나 연두색을 띠는 오로라는 간혹 붉은색이나 노란색, 또는 푸른색을 띠기도 한다. 대기 중 산소가 많으면 초록색, 나트륨 가스가 있으면 노란색, 질소가 많으면 붉은색을 띠는 것이다. 주로 초저녁부터 새벽 시간대에 걸쳐 관측되지만 가장 화려한 형태는 자정을 전후해 나타난다. 그래서 많은 사람들이 오로라를 새벽을 알리는 전령처럼 이야기한다. 로마 신화에서는 매일 새벽 태양이 솟아오를 수 있도록 하늘의 문을 여는 역할을 하는 '새벽의 여신'이라고도 불렀다. 어쨌든 오로라는 양 극지방에서 모두 볼 수 있다.

바이킹들은 오로라를 오딘의 친위대이자 전쟁의 여신 발키리가 죽은 전사들을 천국으로 데려갈 때 그녀가 가지고 있는 방패에 반사된 빛이라고 생각했다. 북유럽 신화를 따르던 바이킹들이었으니 오로라가 보이면 발키리가 죽은 자들을 데리고 신들의 전당인 아스가르드로 가는 중이라고 믿었을 것이리라. 그래서 오로라가 진한 빛을 발할수록 많은 전사들이 발할라로 가는 것이라고 생각했을지도 모르겠다.

북유럽 신화뿐 아니라 스칸디나비아 북쪽에 사는 원주민 사미인에게도 오로라에 얽힌 전설이 있다. 사미인은 북극여우가 불꽃처럼 반짝이는 눈송이를 꼬리로 흩뿌릴 때 오로라가 나타나는 것이라고 했다. 그래서 이들은 오로라를 '여우 불'이라고도 부른다. 또 다른 북극권의 원주민 이누이트족은 오

▲ 죽은 병사를 발할라로 데려가는 발키리

로라를 살해된 아기들의 영혼이라고 믿으면서 오히려 불길한 것이라고 여겼다. 이누이트족 옛이야기에서는 북극광[오로라]이 나타나면 '쿵' 또는 '우지끈' 소리가 들렸다고 한다. 최근 연구에 따르면, 실제로 강한 오로라가 발생할 때 이런 소리가 난다고 한다.

사실 오로라는 태양에서 방출된 플라스마가 지구의 자기장에 이끌려 대기로 진입하면서 주변의 산소 또는 질소 분자와 마찰을 일으켜 나타나는 빛이다. 이 때문에 태양의 흑점 활동이 활발하게 일어날 때 오로라를 더 쉽게 볼 수 있다. 지구가 거대한 자석이라는 사실이 새삼 흥미롭다.

트롤과 도깨비가 싸우면 누가 이길까?

트롬쇠에서 그리던 오로라를 만났으니 이제 노르웨이를 떠나도 될 것 같다. 아침 9시 비행기를 탔지만 북극권에서는 해가 11시나 되어야 뜨니 한밤중 같은 느낌이다. 하늘로 솟아오른 비행기는 잠시 후 수평을 유지하더니 곧장 오슬로를 향해 날아간다. 창밖은 여전히 어둡기만 하다.

문득 노르웨이는 역시 거인족이 사는 나라라는 생각이든다. 자신들을 트롤의 후예라고 생각하고, 바이킹의 후예로서 명예와 자긍심을 내세우는 모습은 부럽기까지 했다.

요즘에는 트롤의 장난꾸러기 이미지가 강하게 표현되어 어린아이들에게는 무서운 괴물이 아니라 친근한 대상이 되었다. 어찌 보면 우리네 옛이야기 속의 도깨비가 바로 트롤같은 존재일 것이다. 문득 도깨비와 트롤이 한판 승부를 펼치면 누가 이길까 궁금해졌다.

진짜 노르웨이인 소냐 헤니

드디어 오슬로 공항에 도착했다. 문득 타고 온 비행기를 올려다보니 어여쁜 여인이 그려져 있고, '진짜 노르웨이인 소냐 헤니Sonja Henie'라고 써있다. 노르웨이 항공사 소속 비행기에는 노르웨이를 대표하는 운동선수나 예술가들을 비행기에 그려 넣어 홍보하는데, 내가 탄 비행기에는 소냐 헤니를 그려 놓은 것이다.

소냐 헤니, 스케이팅 선수이자 영화배우인 그녀는 1969년 10월 12일 파리에서 응급 비행기로 오슬로로 이송 도중 사망했다. 1912년 4월 8일 오슬로에서 태어난 소냐 헤니는 15살에 세계 피겨스케이팅 선수권 대회 여자 싱글에서 우승했다. 그 후 1932년과 1936년에 올림픽에서 금메달을 따는 등 10회 연속 세계대회에서 우승하는 대기록을 세웠다. 이후 1940년, 사업가인 다니엘 토핑과 결혼하고 히틀러와 친밀한 관계를 유지해 평판이 나빠지기도 했지만 1949년 이혼 후 미국으로 건너갔다. 그녀는 미국에서 비행사인 윈트롭 가드너를 만나 재혼하는데, 1956년 또다시 이혼하고 만다. 같은 해에 그녀는 노르웨이 선박왕 닐스 온스타드와 또다시 재혼한 후 노르웨이로 돌아와 그동안 모은 예술품들을 전시할 박물관을 개관했다. 그러나 안타깝게도 1968년 소냐는 백혈병 진단을 받고, 다음 해인 1969년 57세로 생을 마감했다. 누구보다도 뜨거운 생을 살았던 소냐 헤니, 그녀 역시 오로라 불빛을 만들어내는 발키리가 아니었을까라는 생각이 떠나지를 않는다.

▲ 노르웨이 항공사 비행기에 그려진 소냐 헤니

카우토케이노의 반란

1852년의 사미인 봉기

1852년 11월 8일, 노르웨이 북부 지역에 있는 카우토케이노Kautokeino에서 주민들이 봉기를 일으킨다. 50명의 사미인들이 반인륜적 행위에 대해 노르웨이 정부를 상대로 봉기한 것이다. 이날 봉기는 아슬라크 헤타가 앞장섰는데 주민들은 제일 먼저 상인 칼 요한 루트와 보안관 라스 요한 부크를 살해했다. 시위대와 진압군 사이의 싸움은 격렬해 집회에 참가한 사람들은 대부분 시위 진압 과정에서 다치거나 죽었다.

노르웨이에 거주하는 원주민 사미인들은 당시 그들의 생활 방식이 교회와 권위적 법률에 위협받고 있다고 생각했다. 심지어 스웨덴 교구 담임목사까지 금주를 요구하는 등 엄격한 도덕적 율법을 내세우며 사미인들에 대한 억압적 지배를 정당화하려 했다. 뿐만 아니라 노르웨이 정부는 우상 숭배를 버리고 기독교로 개종할 것을 강요했다. 1851년에는 사미인들이 노르웨이 어만을 사용해야 한다는 정책을 강제로 입법하기에 이른다. 1900년대 초반까지 노르웨이는 스웨덴이, 핀란드는 러시아가 지배하고 있던 상황에서 1852년 러시아는 핀란드와의 국경을 폐쇄했다. 이 일로 인해 1852년 9월 15일부터 사미인의 순록 사육을 위한 이동이 전면 금지되었다. 사미인들에게 순록 사육은 목숨을 부지하는 가장 원초적인 수단이었다. 그런데 이동이 금지되면서 순록 사육에 어려움을 겪게 된 것이다.

결국 이런 상황을 견디다 못한 카우토케이노의 사미인들이 봉기를 일으킨 것이다. 생각보다 많은 사람들이 다치거나 죽었다. 주모자 중 한 사람인 몬스 솜비의 형 올레 솜비도 봉기가 끝날 즈음 알타[Alta]로 도주했지만 결국 체포되었다. 이미 총상을 입었던 그는 체포 후 곧 사망하고 만다. 시위가 진압되자 도주자를 제외한 가담자들은 모두 체포되었다.

1852년 11월 15일부터 시작된 재판은 대법원까지 진행되었고, 1854년 8월 7일 주동자인 아슬라크 헤타와 몬스 솜비의 사형 판결로 일단락되었다. 1854년 10월 14일, 두 사람의 사형이 집행되었다. 이후 이들의 두개골은 오슬로 대학 우생학 연구소로 보내 연구용으로 사용되었는데, 이 일은 심각한 인권 침해로 엄청난 비난을 받기도 했다.

카우토케이노 봉기 이후 사미인들은 노르웨이 정부에게 지속적으로 자치권을 요구하고 있다. 다행히 노르웨이 북부 지역을 중심으로 사미인 의회가 결성되었다. 그리고 이들의 요구를 노르웨이 의회에서 반영하는 절차를 포함시킬 수 있도록 정책적으로 체계화하고 있다. 현재 노르웨이 의회에는 사미인의 대표가 국회의원으로 진출해 있고, 이들에 의해 사미인 의회의 결정

사항이 노르웨이 정부에 건의되고 있다.

한편 이 사건은 그 후 2008년도에 '카우토케이노의 반란'이란 제목으로 영화화 되었다. 아쉽게도 국내에는 개봉되지 않았다. 영화 음악을 담당한 사미인 출신 마리 보이네는 사미어로 노래 부르며 "노르웨이 정부가 사미인에게 사과해야 한다."고 주장했다. 또한 그녀는 1994년 당시 릴레함메르 동계올림픽 개막식 공연을 제의받자 "소수민족에 대한 동정심으로 또다른 장식품이 되고 싶지 않다."며 제의를 거절했다. 마리를 비롯한 모든 사미인들은 지금도 노르웨이 정부가 공정하고 정의로운 대우를 해주길 바라고 있다.

◀ 1852년 노르웨이 북부지역인 카우토케이노에서 있었던 사미인의 봉기를 배경으로 2008년에 개봉한 영화 '카우토케이노의 반란' 포스터. 아쉽게도 국내 개봉은 되지 않았다.

카라스요크의 '사미 의회'

노르웨이 최북단 라플란드 지역을 '핀마크Finmark'라고 부른다. 이곳은 발트 해에서 불어오는 상대적으로 온화한 기후 덕분에 사미인들이 순록 사육을 많이 하는 곳이다. 특히 핀란드와 노르웨이, 그리고 스웨덴 국경이 만나는 핀마크 남부에는 사미인들에게 중요한 거점 도시인 카우토케이노와 카라스요크Karasjok가 있다. 이 도시들은 스칸디나비아 라플란드 거주 사미인들의 수도 같은 곳이다. 이들에게 수도는 단순한 도시 이상으로, 정신적 고향과 같다.

노르웨이 북쪽 핀란드 국경과 마주한 인접 지역에 위치한 카라스요크에는 사미인들의 자치기구인 사미 의회가 있다. 1989년 라플란드에 거주하는 사미인들 중 가장 먼저 노르웨이 사미인들이 의회를 설립했다. 노르웨이 거주

▲ 카라스요크 사미인 민속박물관(왼쪽)과 카라스요크 사미 의회 건물 왼쪽에 있는 라부텐트 형태의 사미방송국(NRK)(오른쪽)

사미인들의 수가 약 4만여 명으로 많았던 이유도 있지만 그들의 한이 그만큼 더 컸는지도 모르겠다.[5]

카라스요크의 사미 의회는 의회의 역할과 기능뿐 아니라 이곳에 사미 방송국이 들어서 있다는 사실 때문에 관심을 끌었다. 이 방송국은 매일 일정 시간 방송을 하고 있으며, 자체 편성 프로그램을 가지고 있다. 무엇보다 사미어로 하는 유일한 방송이기도 하다.

그렇게 사미인들의 삶을 가장 가까이에 바라볼 수 있었던 카라스요크 취재를 마치고 또다시 노르웨이 북쪽으로 올라갔다. 카라스요크를 벗어나 북쪽으로 올라가는 내내 겨울 같지 않은 따뜻함이 계속 되었다.

---

5 스웨덴 거주 사미 의회(키루나)와 핀란드 거주 사미 의회(이나리)는 따로 존재한다.

노르웨이 최북단 시르케네스와 스반비크

시르케네스는 해방구

노르웨이 최북단 동쪽 끝자락에 자리한 시르케네스Kirkenes는 러시아와 국경을 맞대고 있다. 인구 약 3,500명이 광산을 중심으로 모여 사는 작은 항구 도시다. 누가 여기까지 여행을 올까 싶지만 이곳은 스칸디나비아 지역에서 손꼽히는 관광지 중 하나다.

시르케네스는 북극권이 시작하는 곳에서 북쪽으로 약 500km 떨어진 곳에 있다. 위도가 높다 보니 백야 현상이 5월 17일에서 7월 21일까지, 겨울 흑야는 11월 21일에서 1월 21일까지. 각각 두 달씩 진행된다. 그만큼 특이한 경험을 할 수 있는 기회가 다른 도시보다 많은 셈이다. 거기에 기온도 다른 위도 지역에 비해 상대적으로 덜 추운 편이다. 하지만 한겨울에는 영하 35도까지 내려가고 여름에는 거의 40도에 육박하는 대륙성 기후가 그리 만만한 날씨는 아닌 것 같다.

노르웨이 최북단 자치주 핀마르크에 속하는 시르케네스의 원래 이름은 '피셀브네스Piselvnes'였다. 1862년 교회를 세우면서 '교회의 곶Pis River headland'이라는 뜻을 가진 '시르케네스'로 이름이 바뀌었다.

주변 지역은 현재의 국경이 정착된 1826년까지 노르웨이와 러시아가 공동 관리한 지역으로, 당시 인구는 고작 1,000명이 조금 넘었다. 광부들과 어민들을 제외하고는 다른 주민들이 살고 있지 않아 1998년까지 행정구역이 '마을town'이었을 정도로 작았다. 그런 시르케네스가 발전하기 시작한 건 본격적으로 광산이 개발되면서부터다. 철도가 놓이고 건물이 세워지고, 도로가 닦이기 시작했다. 제2차 세계대전으로 집이 13채밖에 남지 않았던 적도 있었지만 광산은 남아있었다. 덕분에 노르웨이는 최초의 해방 정부를 시르케네스에 세울 수 있었다.

Tip

마르크트 광장 마켓

매주 목요일마다 러시아 무르만스크 상인들이 시르케네스의 마르크트 광장에서 수공예품을 판매한다. 상대적으로 값싼 물건들이 많아 시르케네스 주민들이나 관광객들로부터 큰 인기를 얻고 있다.

엘리시프 베셀의 사진 속 시간들

시르케네스 마르크트 광장에 가면 시르케네스의 사람들의 사진이 전시되어 있다. 모두 엘리시프 베셀 이라는 사람의 작품이다. 1900년도를 전후해 촬영한 이 사진들은 엘리시프가 가르치던 학생들과 치료차 방문한 지역 사람들을 촬영한 것들이다.

엘리시프 베셀Ellisif Wessel, 1866-1949은 오슬로 인근 가우달Gausdal에서 태어났다. 아버지는 의사였고 집안은 부유했다. 20살이 되던 1886년 3월 4일 결혼식을 한 그녀는 곧바로 시르케네스로 신혼여행을 떠났다. 사실은 이곳에 지역 담당 의사로 부임한 것이다. 항구가 내려다보이는 언덕에 마련된 '태양의 집Solheim'에 입주를 하고 신혼 살림 겸 의사로서 생활을 시작했다.

시르케네스는 너무 가난한 마을이었다. 당시 주민 수도 1,400명 정도에 불과했다. 부유한 집안에서 자란 엘리시프가 생활하기에는 모든 게 부족하고 힘들기만 했을 것이다. 그래서 그녀는 의사로서뿐 아니라 지역 유지로서 주민들 이해를 대변하는 일을 도맡아 하기 시작했다. 심지어 정치가 역할도 마다하지 않았다. 노르웨이 국회의원이 되어 마을 주민들을 위해 일했다.

그녀가 언제나 잊지 않고 있었던 것은 사진기였다. 일을 할 때도 사진기는 언제나 곁에 있었다. 그녀는 사진기로 글을 썼고, 사진기로 시를 썼다. 기사를 쓰면서도 사진을 찍어 삽화처럼 사용했다. 그녀에게 사진은 단순한 기록물이 아니라 모든 감정과 느낌을 기록하고 전달하는 중요한 중계자였다.

엘리시프는 시르케네스의 주민들과 고통을 나누고 그들의 가난한 모습을 사진으로 담아냄으로써 그들과 함께 했다. 그렇게 찍은 사진은 직접 현상해

▲ 마르크트 광장에 전시 중인 엘리시프 베셀의 사진 작품들

사진첩으로 만들어 보관했다.

그녀는 거의 평생을 시르케네스 밖에 나가보지 못했다. 83살에 숨을 거둘 때까지 그녀의 모든 삶은 시르케네스에 머물러 있었다. 안타깝게도 엘리시프가 살았던 언덕 위 태양의 집은 제2차 세계대전때 폭격으로 없어져 버렸다. 더욱 안타까운 것은 그녀가 그렇게 애정을 갖고 담아낸 사진들마저 폭격으로 불에 타버리고 만 것이다.

엘리시프가 우리에게 남긴 유산은 그녀가 소유했던 양로원이나 병원 등이 전부가 아니다. 그녀가 진정 물려주려 한 것은 인간에 대한 사랑, 바로 그것이다. 상류 사회 출신 소녀 한 명이 시르케네스처럼 가난과 고통에 몸부림치던 마을을 사랑과 애정이 넘치는 아름다운 도시로 만들 수 있었다는 게 실로 놀랍고 고맙기까지 하다.

1886년 3월 22일, 엘리시프가 시르케네스에 온 이래 그녀가 담은 사진들은 이제 시르케네스뿐 아니라 노르웨이의 국보급 보물이 되었다. 그녀의 사진은 핀마르크 자치주의 다양한 문화와 역사를 전하는 그녀만의 독특한 시각을 선명하게 보여준다.

전시회에 걸린 그녀의 사진들은 크나큰 선물이다. 그녀의 사진을 보면서 우리는 무엇이 인생이고 어떻게 사는 게 멋진 삶인지를 알 수 있으니 이 또한 행복이 아닌가, 라는 생각이 들었다.

스반비크에서 보내는 망중한

문득 고개를 들어보니 이렇게 고요하고 아늑한 데가 또 있을까 싶은 그런 곳에 왔다. 노르웨이를 돌고 돌아 그 영토의 맨 끝자락에 있는 마지막 마을 스반비크Svanvik. 글자 그대로 더 이상 갈 데가 없는 막다른 곳이다. 오늘은 그냥 모든 것을 내팽개쳐 이곳에서 실컷 잠이나 자자고 생각했다.

짐을 풀다가 "방 안에서는 밖이 너무 잘 보이네."라는 아주 평범한 생각이 머리를 스치고 지나갔다. 그렇다. 밖에서 보는 대상은 대개 그 느낌만을 가지고 평을 하게 되니 옳을 수도 그를 수도 있다. 맞을 확률은 반반이다. 그런데 안에 들어와 보면 밖에 있는 대상이 너무 잘 보인다. 라플란드가 그랬다. 스칸디나비아 반도의 주인공 스카디 여신과 그 후예라는 트롤들, 그런데 진짜 주인은 따로 있지 않은가? 사미인들 말이다.

창밖에 보이는 경치가 너무 아름답다. 자작나무 숲이 저녁노을 빛을 받아 점점 더 황금빛으로 변해간다. 사람도 나이를 먹을수록 그렇게 황금빛으로 물들어갈까? 단지 나무들 나이테처럼 인생의 굵기만 굵어지는 건 아닐까? 잠시 엉뚱한 생각을 하면서 멍하니 창밖을 바라본다. 오늘 같은 날은 그냥 그렇게 있어도 좋을 것 같다.

사실 스반비크에 오게 된 건 우연이라고 해야 할 것 같다. 시르케네스에 호텔이 부족해 숙박비가 상상을 초월했기 때문이다. 그래서 시르케네스에서 숙소 구하는 것을 포기하고 50km 정도 떨어진 이곳으로 오게 된 것이다. 이곳에서는 쉽게 통나무집 숙소를 구할 수 있었다. 멋진 경치를 즐기고 개썰매까지 즐길 수 있으니 오히려 전화위복인 셈이다.

내가 묵은 민박집은 지역 담당 의사인 부인과 초등학교 교사인 남편이 자작나무 숲 속에 직접 지은 것이라고 한다. 민박집의 젊은 부부를 보며 시르케네스 사진전의 주인공인 엘리시프 베셀을 닮았다는 생각이 들었다.

스칸디나비아에서 가장 긴 국토를 가지고 있는 노르웨이의 끝자락 스반비크까지 오게 된 사연이야 그렇다 치고 노르웨이를 여행하며 겪은 여러 일들이 이곳에 오니 더욱 생생하게 떠오른다. 어쩌면 마지막이란 단어가 주는 느낌 때문일지도 모르겠다.

▲ 오로라가 찾아온 스반비크의 통나무집

카레수안도
키루나
옐리바레
달라르나 주
감라 웁살라
웁살라
스톡홀름

03

스웨덴

Sweden

스톡홀름

달라르나

웁살라

감라 웁살라

키루나

옐리바레

카레수안도

북유럽에서 가장 사랑받는 신, 토르

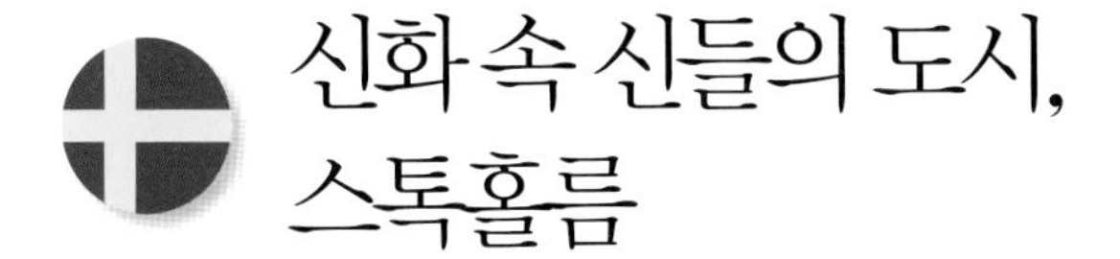

신화 속 신들의 도시, 스톡홀름

토르가 지키는 도시 스톡홀름

스톡홀름 시내에서 조금 떨어진 곳으로 향했다. 마리아 광장에 있는 토르 동상을 보기 위해서다. 기독교 국가에서 북유럽 신화 속 영웅 토르를 보게 되다니 조금 뜻밖이라는 생각이 들었다. 북유럽 신화에 나오는 마지막 전투, 라그나뢰크에서 토르가 독사 요르문간드를 죽이는 장면을 연출한 토르 동상. 역동적인 토르의 모습을 보고 있으니 자연스럽게 북유럽 신화 속 마지막 전투인 라그나뢰크가 생각났다.

흔히 라그나뢰크는 '운명의 날 신들의 전투'라는 문구로 묘사되곤 한다. 전투가 벌어지던 날, 신들의 왕 오딘은 다리 8개가 달린 말 슬레이프니르를 타고 늑대 펜리르를 향해 그의 마술 창 궁니르를 겨누었고, 토르는 그의 상징인 망치 묠니르를 휘두르고 방패로 독사 요르문간드를 방어하며 전투를 벌였다. 한창 전투 중인 오딘과 토르, 뒤로는 지하세계와 아스가르드를 잇는 무

▲마지막 전쟁인 라그나뢰크를 그린 삽화. 오른쪽에 긴 창을 휘두르는 오딘과 묠니르를 든 토르가 보인다.

지개 다리 비프뢰스트가 빛나고 있다. 그렇게 세상의 종말은 아스가르드 신들과 거인족 출신 로키를 비롯한 괴물들과의 한판 승부로 막을 내린다.

북유럽 신화의 마지막 전투 라그나뢰크를 찬찬히 들여다보면 단순히 신화 속 사건이 아니라 북유럽 전반에 일어난 기독교와 전통신앙 간의 충돌은 아니었을까, 라는 생각이 들었다. 기독교가 도래하는 상황에서 전통적인 북유럽 신화와의 충돌은 어쩌면 필연적인 일이었는지도 모르겠다.

다시 북유럽 신화 속으로 들어가보자. 여러 신들 중 유독 깊은 관심과 애정을 받는 신이 있다. 바로 마리아 광장에 있는 토르다. 천둥과 폭풍, 번개를 다스리며 초자연적인 힘을 가진 의로운 신. 인류와 발할라의 신들을 보호하며,

신들 중에서 가장 강력하고 용감하며 호전적인 신. 세상의 좋은 문구는 다 갖다 붙일 정도로 토르에 대한 사람들의 애정은 지극하다. 그가 가진 마법의 망치 묠니르는 그의 분신과도 같다. 여기에 그의 힘을 두 배로 강하게 한다는 신비한 벨트 '메긴 자르 디르'를 차면 누구도 두렵지 않은 천하무적이 된다.

특히 거인족이 가장 무서워했다는 토르의 망치 묠니르는 산을 평평하게 할 수 있을 정도로 대단한 위력을 가진 무기다. 땅에 내려놓은 묠니르는 토르가 아니고서는 들어올릴 수조차 없을 정도로 무겁고, 크기를 작게 해 아무도 모르는 곳에 숨겨 놓을 수도 있다. 무엇보다 적과 전투를 할 때 거리에 상관없이 묠니르는 언제나 토르의 손으로 되돌아왔다. 더욱 놀라운 점은 적들을 죽이고 파괴하는 힘을 가졌을 뿐만 아니라 사람이나 동물도 살릴 수 있는 신비한 힘을 발휘하기도 했다는 것이다.

그래서 그런 걸까. 바이킹들은 토르를 자신들의 영웅으로 여겼다. 자신들

▲ 덴마크에서 900년대에 제작한 2.5cm 길이의 토르 망치 장식품. (덴마크 국립박물관 소장)

을 보호하거나 권력을 위해 묠니르를 부적으로 만들어 사용하기도 했다. 이는 신화의 고향인 아이슬란드는 물론 스칸디나비아의 모든 지역에서 고루 나타나는 현상으로, 고대의 많은 예술 작품에서는 토르를 대신해 묠니르를 묘사하기도 했다.

이처럼 알면 알수록 강력한 힘과 매력을 가진 토르. 그의 마력에 빠진 듯 한참을 그의 동상 앞에서 헤매다 겨우 정신을 차리고 다음 행선지로 발걸음을 옮길 수 있었다.

스토리텔링의 도시, 스톡홀름

스톡홀름은 '동상의 도시', '박물관의 도시'라고 불릴 정도로 동상과 박물관이 많은 곳이다. 잘 알려지지 않은 동화 속 주인공의 동상부터 유명 인사의 동상까지. 어쩌면 도시 전체를 동상으로 채우려 한건 지도 모르겠다는 생각이 들었다. 그중에서도 유독 눈길을 끄는 동상은 북유럽 신화 속 주인공들의 동상이다. 토르와 헤임달, 프리그와 프레이야 등 북유럽 신화의 주인공들이 스톡홀름 거리에 우뚝 서서 오가는 사람들을 지켜보고 있다. 동상들 덕분에 근대적 모습으로 치장해 놓았을 것 같은 스톡홀름이 친근하게 다가왔다.

박물관은 또 어떤가. 구시가지인 감라스탄에서 그리 멀지 않은 곳에 위치한 유르고르덴 섬에는 동물원을 비롯해 17세기 스웨덴을 강국으로 만든 구스타브 2세 바사가 제조한 거대한 함선을 전시한 바사 박물관과 세계적인 팝

▲ 스톡홀름 거리에 우뚝 서있는 토르, 헤임달, 프리그, 프레이야 동상(번호 순서대로)

그룹 아바를 기린 아바 박물관 등 수많은 박물관들이 빼곡히 자리 잡고 있다. 가히 박물관 섬이라고 불러도 될 정도다.

특히 유르고르덴 섬과 육지를 잇는 다리 위의 토르와 헤임달, 프리그와 프레이야 동상이 일품이다. 헤임달은 로렌츠 프렐리히가 그린 1895년도 작품 속 그림처럼 뿔 나팔 얄라르호른을 불고 있고, 오딘의 아내 프리그는 마술 지팡이를 들고 서있다. 프레이야는 매를 붙들고 있고, 토르는 어깨에 마법의 망치 묠니르를 걸치고 있다. 유르고르덴 섬은 입구부터 온통 북유럽 신화로 장식 해놓았다. 기독교 국가에서 어떻게 북유럽 신화의 주인공들을 수호신처럼 세워놓을 수 있는 것인지 알다가도 모르겠다.

성 조지 기사가 지키는 도시
스톡홀름

유르고르덴 섬에서 북유럽 신화의 증거들을 본 후, 구시가지인 감라스탄으로 향했다. 감라스탄으로 향하는 길에서도 역시나 크고 작은 동상들과 마주치게 된다. 루터 교회 뒤뜰에서는 1967년 리스 에릭손이 만들었다는 '달을 보고 있는 소년'이라는 귀여운 꼬마 동상을 볼 수 있었다. 누군가 예쁜 스카프와 모자를 씌워준 모습이 사랑스러웠다. 눈에 띄는 또 다른 동상이 있었는데, 바로 제니 린드의 동상이다. 제니 린드는 스웨덴의 유명 오페라 가수로 동상은 1924년에 라파엘 로드베리가 제작한 것이다. 앞서 덴마크 편에서 제니 린드에 대해 이야기한 적이 있다. 안데르센이 코펜하겐에서 지낼 때 프러포즈를 하자 '나의 가장 사랑하는 오빠'라며 정중하게 거절

▲리스 에릭손이 만든 '달을 보고 있는 소년' 동상

한 오페라 가수가 바로 제니 린드다. 스웨덴 화폐 50크로나에 새겨져 있을 만큼 유명하다.

그렇게 감라스탄 거리의 동상들을 구경하며 왕궁을 지나 스톡홀름 대성당으로 알려진 성 니콜라스 교회인 스토르시르칸에 다다랐다. 감라스탄에서도 가장 오래된 교회인 스토르시르칸은 1279년에 세워져 350년 동안 가톨릭 성당이었다가 1527년 루터교로 개종 후 개신교 교회로 바뀐 역사를 가진 곳이다.

처음에는 가톨릭 성당으로서의 권위를 높이기 위해 가톨릭 역사와 관련된 동상을 세웠다. 그게 바로 지금도 남아있는 성 조지와 용의 전설을 바탕으로 제작한 동상이다.

스웨덴의 스텐 스투레 장군이 1471년 브룬케베리 전투에서 덴마크 군에게 승리한 기념으로 제작한 이 동상은 스투레 장군의 군대가 성 조지의 휘하에서 보호받고 있다는 믿음으로 만든 것이다. 독일 뤼베크 출신의 노트케가 제작했고, 1489년 신년 전야제 때 교황청에서 준공식을 주관했다.

성 조지는 라틴어로 게오르기우스[Georgius]이다. 그는 초기 가톨릭 순교자이자 14성인 중 한 사람으로, 제오르지오 혹은 조지라고도 부른다. 기사 게오르기우스가 용과 싸우는 모습은 중세 유럽에서 '황금 전설'로 전해지고 있다.

전설에 따르면, 무서운 용 한 마리가 리비아의 작은 나라 실렌에 나타나 매일 인간을 제물로 요구했다. 실렌의 왕은 매일 젊은이들을 용에게 바쳤다. 그러다 결국 자신의 외동딸까지 바쳐야 할 지경에 이르게 되었다. 이에 카파도키아에서 온 젊은 기사 게오르기우스가 말을 타고 달려와 긴 창으로 일격에 용을 무찌른다. 게오르기우스의 활약을 본 실렌 사람들은 그의 말대로 가톨릭으로 개종했다고 한다. 그러나 로마 황제 디오클레티아누스의 박해로 게오르기우스는 체포되어 참수된다.(당시에는 아직 로마가 가톨릭을 인정하지 않았던 시기다.)

북유럽 신화와 가톨릭 전설이 한 도시에서 공존하고 있는 것을 보니 참 묘한 느낌이 들었다. 도시가 가진 스토리텔링을 굳이 종교적으로 해석하기보다 그만큼 오래된 역사를 가지고 있음을 보여주는 것으로 생각하는 것이 더 좋아 보였다.

▲ 감라스탄에서 가장 오래된 교회인 스토르시르칸 안에 설치된 성 조지 기사의 동상과 마리아

스톡홀름의 자유

스톡홀름에 도착하면 누구나 가는 곳이 있다. 시내 한복판에 있는 감라스탄이다. 감라스탄 거리를 지나 왕궁 건물 사이로 산책하듯 거닐다 보면 국회의사당 쪽으로 가게 된다.

스톡홀름의 역사를 고스란히 간직한 감라스탄에는 시청사 건물이 있고 다리를 건너면 스톡홀름에서 가장 오래된 교회인 스토르시르칸도 만날 수 있다. 스토르시르칸 오른쪽에는 국립오페라극장이, 맞은편에는 노르브로 다리가 있다. 그 옆에는 중세 박물관이 있다. 박물관 입구 근처에는 투구만 쓰고 몸에 아무것도 걸치지 않은 채 두 팔을 벌리고 서있는 동상이 하나 있는데, 문득 고개를 들어 마주친 사내의 모습에 피식 웃음이 났다. 찬찬히 살펴보니 무언가를 외치는 듯하다.

이렇게 벌거벗은 채로 소리 없는 아우성을 치는 이는 'Solsangaren The SunSinger' 이다. 아이샤 테이너를 추모하는 기념물 제작을 의뢰받은 칼 밀레스가 1926년에 그리스로마 신화의 아폴론 신을 본떠 만든 청동상이다.

▲ '솔산가렌' 동상. 동상의 얼굴은 실제 인물인 '아이샤 테이너'의 얼굴이다.

1846년, 스웨덴을 대표하는 작가이자 시인, 룬드 대학교 그리스어 교수이자 주교였던 아이샤 테이너가 죽자 추모위원회가 결성되었다. 위원회에서는 그를 기리기 위한 반신상 제작을 밀레스에게 의뢰했다. 밀레스는 동상을 구상하면서 사실적으로 묘사하기보다 어떻게 하면 테이너가 지녔던 무한한 창조력을 보여줄 수 있을지 고민했다고 한다. 그러다 문득 테이너의 시에서 동상에 대한 영감을 얻는다.

"그대를 위해 노래를 부르리,

오 눈부신 대양이여"

– 테이너의 시 중에서

밀레스는 테이너의 시구를 바탕으로 동상을 구상한다. 처음에 반신상을 만들려던 계획은 전신상으로 바뀌었고, 시구에서 얻은 영감을 떠올리며 구태의연한 옷차림 대신 벗은 몸으로 표현했다.

그리하여 멋진 몸매의 젊은이가 높은 곳에서 바다를 내려다보며 태양을 향해 두 팔을 벌리고 빛나는 천체를 찬양하는 노래를 부르고 있는 모습이 완성됐다. 바로 그리스로마 신화에 등장하는 아폴론 신의 모습 그대로였다.

처음에는 이 작품이 '알몸'이라는 이유로 반대하는 사람도 있었지만 많은 시민들이 찬성하였기에 결국 지금의 모습으로 제작하게 되었다고 한다. 이후 스톡홀름을 대표하는 명물로 자리잡고 오늘에 이르고 있다.

벌거벗은 육체의 자유로움, 그리고 빛나는 천체의 환희, 이 모든 것이 정말 스톡홀름이 생각하는 자유와 일치하는 것일까? 주교였던 아이사 테이너를 기리는 방법으로 알몸 동상이라니! 대단한 발상의 전환이다. 한국에서 벌거벗은 주교 동상을 세운다는 건 상상조차 할 수 없는 일이니 말이다.

그리스로마 신화의 지배자인 제우스의 아들 아폴론이 오딘의 나라에서 당당하게 위용을 뽐내고 있으리라고는 상상도 못 했는데, 그야말로 반전의 반전이다. 작가의 고집 때문에 가능했을 일이다. 오딘의 나라에서 나는 아폴론처럼 두 팔을 벌리고 그의 곁에서 외친다. 물론 옷은 입은 채로.

"나는 오늘 자유다!"

스톡홀름에서 만나는 바이킹

새로 문을 연 바이킹 박물관

2017년 4월 29일, 스톡홀름에 새로운 박물관이 문을 열었다. 다름 아닌 '바이킹 박물관'이다. 그동안 북유럽 국가들이 경쟁적으로 바이킹 역사를 복원하며 바이킹 문화를 관광사업의 핵심으로 내세우고 있었는데, 스웨덴에서도 예외는 아니었던 듯하다. 오히려 바이킹의 흔적을 지우는 바보짓은 하지 않아 다행이라는 생각이 들었다. 그런데 새로운 박물관의 규모나 시설이 내가 기대한 만큼은 아니었다.

박물관의 가장 큰 특징이라고 하면 10여 분간 궤도 열차를 타고 바이킹에 관한 영상을 보며 설치된 모형물을 관람하는 것인데, 단순히 바이킹을 주제로 한 놀이공원 정도로 여겨졌다. 분산되어 있는 바이킹 관련 자료들을 이곳에 한데 모아 역사적인 특징을 좀 더 부각했더라면 더 좋았을 것이라는 아쉬움이 들었다.

다행히 새로 문을 연 바이킹 박물관 홈페이지www.vikingaliv.se에는 바이킹 관련

▲스톡홀름에 새롭게 문을 연 바이킹 박물관

자료들을 링크해 놓은 페이지가 있었다. 전 세계 주요 바이킹 사이트들을 한데 모아놓아 좋은 참고 자료가 될 것 같았다. 한 가지 위안을 삼자면 여러 박물관이 모여있는 유르고르덴 섬에서 따로 바이킹 박물관을 찾아 헤매는 수고를 하지 않아도 된다는 것이었다.

스웨덴 역사박물관의 바이킹 유물들

흔히 8세기 말에서 11세기 말까지를 '바이킹 시대'라고 부른다. 대부분의 농촌 공동체가 생활의 중심이었던 스칸디나비아 사람들은 바이킹 시대에 이르러 변화를 겪기 시작한다. 그들이 살았던 사회 전체가 바깥 세상, 즉 외부 세계와 접촉하면서 변화를 거듭해 나간 것이다. 특히 무역 거래는 그들의 변화를 가속화시켰다. 소위 바이킹이라는 이름으로 진행된 북유럽 사람들의 해외 원정은 알려진 것처럼 아이슬란드와 그린란드, 그리고 아메리카까지 진출했다. 특히 스웨덴 바이킹들은 러시아, 특히 지금의 키예프로 알려진 곳까지 진출했다고 한다.

스웨덴 바이킹들의 본거지는 여러 곳에 설치되었다. 그중에서도 지금의 스톡홀름 인근에 자리잡은 비르카[Birka]와 말라렌 호수 근처에 있는 브요르코[Björkö] 섬, 그리고 룬드 외곽의 우포크라[Uppåkra] 등이 막강한 세력을 형성했다.

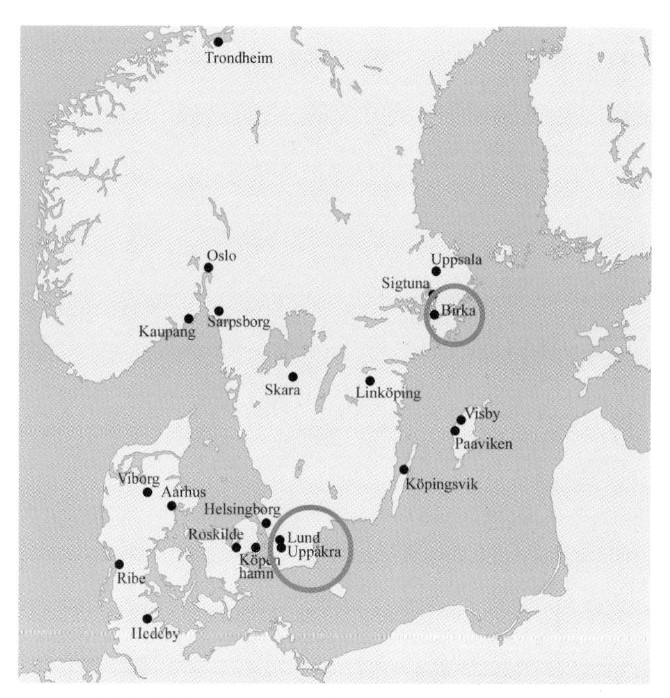

▲ 바이킹 시대의 주요 바이킹 정착촌. 표시된 곳이 비르카와 우포크라다.

비르카의 바이킹 마을은 대략 800년경에 만들어진 것으로 알려져 있다. 그들이 살았던 바이킹 정착촌 모형물을 스웨덴 TV의 한 다큐멘터리 방송 프로그램에서 제작해 보여준 적이 있다. 정착촌에는 대략 40여 채의 가옥이 있었고, 비르카 지역의 중앙로를 지나면 곧장 항구로 이어졌다. 해안에는 30여 척의 배가 대기하고 있어 언제든 바다로 나갈 준비가 되어 있었던 것처럼 보였다.

박물관에 전시된 공예품들은 대부분 바이킹 시대의 최상층 계급이었던 왕과 얄jarls 또는 earls이라 부르는 영주 등 부유한 계급의 남성과 여성의 무덤에서 발굴한 것들이다. 주로 그들이 사용했던 금속 조각과 유리로 만든 잔, 그리고 크리스탈 구슬이나 주석으로 장식한 포도주 잔과 주전자, 보석과 동전 같은 것들이다. 아마도 무역의 결과이거나 때로는 호전적인 전투의 전리품으로 동양과 유럽 여러 나라에서 가져온 것들일 것이다. 이들 전시품을 통해 알 수 있는 것은 실크로드를 통해 유럽 인접 지역까지 도달한 물품들이 바이킹

▲ 바이킹 정착촌에서 발굴된 유물들. 바이킹 전사의 투구(왼쪽)는 바이킹이 실제로 사용했던 것이라고 한다.

네트워크를 통해 북유럽 지역까지 도달하게 되었다는 점이다. 이러한 사실들이 바로 바이킹 네트워크를 이해하는 가장 기본적인 특징이다.

스톡홀름 역사박물관www.historiska.se에 전시된 물품 중 많은 것들이 바이킹 정착촌이었던 비르카 지역과 브요르코 섬, 그리고 그 주변의 묘지에서 발견된 것들이라고 한다. 그중에서 내 눈길을 끈 전시물은 대여섯 살 정도되는 어린 소녀의 모습을 재현한 것이었다. 소녀가 죽었을 당시의 모습 그대로였는데, 그 옆에는 소녀가 가지고 놀았을 작은 종과 유리 구슬 같은 것들이 놓여있었다. 당시의 놀이 도구나 의복을 상상하기에 충분했다.

이 외에도 '바이킹 전사의 투구'가 눈길을 끌었는데, 최근에 새로 제작한 것이 아니라 바이킹 전사가 실제 사용한 것이라고 하여 인상적이었다. 비록 녹은 슬었지만 원형 그대로 발견되어 바이킹 투구의 원형에 대한 논란을 잠재울 만큼 귀중한 자료로 대접받고 있다.

당시 스웨덴뿐만 아니라 다른 여러 나라에서도 철의 쓰임새는 많았다. 바이킹 시대의 각종 무기에 철이 사용되면서 무기 혁명이 일어났다. 스웨덴 북서쪽에 위치한 달라르나Dalarna 지방에서 발굴된 바이킹 무덤에서는 유럽의 남쪽과 북쪽을 이어주는 철제 무역의 중요한 단서들이 출토되기도 했다.

녹슨 무기들이 전시된 곳을 지나 역사박물관에서 발견한 또다른 멋진 전시물은 역사적 가치가 뛰어난 '룬스톤'이다. 룬스톤은 바이킹 시대의 중요한 정보 전달 도구이자 상징으로, 그림이나 바이킹 시대의 고유 문자인 '룬 문자'가 새겨져 있다. 이를 통해 바이킹들이 자신들만의 고유한 문자를 가지고 있었음을 알 수 있다. 스웨덴에서는 다른 나라보다 많은 룬스톤이 발견되었

▲ 바이킹 시대의 룬스톤에는 북유럽 신화의 주인공인 오딘과 토르, 프레이야의 모습이 담겨있다.

▲ 기독교 시대로 접어들면서 룬스톤에는 십자가를 들고 하늘나라로 돌아간다는 내용이 담겼다.

는데, 스칸디나비아에서 발견된 3,000개가 넘는 룬스톤 중 2,500여 개가 스웨덴에서 발견되었다고 한다. 현재 스톡홀름이 위치한 스웨덴의 남쪽 지방 우플란드Uppland에서 청동기 시대부터 현대에 이르기까지 비문이 새겨진 룬스톤이 적지 않다. 이는 당시 바이킹들의 주 근거지가 스웨덴 남쪽 지역이었음을 알게 해준다.

다리 8개가 달린 말을 탄 오딘과 바이킹 술잔을 들고 있는 발키리가 그려진 룬스톤부터 바이킹 함선을 타고 있는 전사들이 그려진 룬스톤까지. 룬스톤의 내용도 다양하다. 대부분 북유럽 신화를 그림으로 표현하거나 해외 원정을 떠난 바이킹 전사들의 안부나 안녕을 비는 내용이다.

그러나 바이킹 시대가 끝나고 기독교 시대로 접어들면서 룬스톤의 내용도 북유럽 신화에서 기독교와 관련된 내용으로 바뀌기 시작한다. 북유럽 신화의 절대자 오딘의 그림들은 기독교로 개종한 왕들의 이야기로 바뀌기 시작했다. 뿐만 아니라 아예 기독교를 전파하는 수단으로 룬스톤을 이용한다. 대표적인 사례가 바로 덴마크 블라톤 왕이 세운 옐링 스톤으로, 기독교 선교를 다짐하는 내용이 적혀있다.

스칸디나비아, 특히 스웨덴에서 주로 발견된 룬스톤을 보면서 바이킹들의 진지함과 문화적인 수준을 가늠할 수 있다는 사실이 놀라웠다. 당시 그들만의 신화를 가지고, 그들만의 종교적 신념을 통해, 일체감과 정신적 유대를 강화할 수 있었다는 게 신기할 정도다. 더구나 아직 중세가 시작되지도 않은 시기에 이토록 성숙한 문화를 갖춘 것을 보니 역시나 바이킹들의 존재와 수준은 상상 이상인 듯하다.

달라르나의 말

구스타브 1세 바사와 달라르나

스칸디나비아 반도를 관통하는 역사는 스웨덴, 덴마크, 노르웨이 3개국을 따로 떼어 놓고 이해하기 힘들다. 세 나라의 역사가 마치 하나의 나라처럼 얽혀있기 때문이다. 대표적인 시기가 14세기를 전후한 칼마르 동맹이 존재하던 때이다.

1397년, 덴마크 마르그레테 1세Margrete I, 1353~1412의 야심은 덴마크와 스웨덴, 그리고 노르웨이 3개국을 칼마르 동맹으로 묶었다. 이로써 덴마크를 주축으로 하는 북유럽 3국의 국가 연합이 생겨나고, 이 연합은 1523년까지 지속된다. 그러나 1523년에 구스타브 1세 바사가 스웨덴 왕으로 등극하면서 136년간 지속된 칼마르 동맹은 깨지고 만다.

구스타브 1세 바사는 구스타브 1세 에릭손 바사Gustav I Eriksson Vasa, 1496~1560라고도 불렸는데, 스웨덴 바사 왕조의 시조가 된다. 바사의 아버지 에릭 요한슨은 스웨덴 원로원 의원이었다. 바사가 어렸을 때, 칼마르 동맹으로 인해 스

▲ 15세기 칼마르 동맹 당시 스칸디나비아 반도(왼쪽)와 16세기 독립한 이후 스웨덴(오른쪽)의 모습

웨덴은 덴마크의 섭정을 받고 있었다. 당시 바사는 아버지가 독립을 위해 노력하는 모습을 보며 자랐다. 바사 역시 16살이 되던 해부터 독립운동에 관여하기 시작했다. 1517년, 스웨덴 장군 스텐 스투레가 이끄는 부대는 거의 1년 동안 덴마크 왕 크리스티안 2세Christian II, 1481~1523에 대항해 전투를 벌였으나 덴마크 군에 패하고 만다. 이에 덴마크 왕 크리스티안 2세는 휴전 협정 조건으로 6명의 인질을 요구했는데, 그중 바사도 포함되어 있었다.

크리스티안 2세는 인질들이 덴마크에 협력하도록 회유했지만 바사는 끝내 굴복하지 않았다. 오히려 기회를 틈타 독일 북부 지방 뤼베크로 탈출한 후 스웨덴 중부 지방 달라르나로 숨어들었다. 달라르나에서 바사는 적극적으로 덴마크 저항운동에 나섰다. 그러나 1520년 스텐 스투레 장군이 덴마크와의 전투에서 전사하자 스톡홀름을 제외한 전 지역이 허무하게 덴마크 지배하에 들어가버리고 말았다.

1520년 11월 4일, 보란 듯이 스톡홀름 대성당에서 스웨덴 왕으로 즉위하는 대관식을 치른 덴마크 왕 크리스티안 2세. 자신의 대관식에 축제를 열고 사람들을 모은 그는 그대로 성문을 닫았다. 그동안 스텐 스투레 장군을 지지했던 사람들을 이교도라는 죄목으로 모두 옥에 가두고, 바사의 아버지를 포함해 자신에게 위협이 될 만한 인물들을 모두 처형하는 '스톡홀름 피바다 사건'을 일으킨 것이다. 이 사건으로 아버지를 잃은 바사는 반드시 스웨덴 독립을 이루겠다고 다짐한다. 그 후 바사는 1521년 달라르나 지방에서 농민들을 규합해 반란을 일으켜 덴마크 군을 물리치고 승리를 거뒀다.

◀ 구스타브 1세 바사의 초상화

바사가 일으킨 달라르나의 농민 반란이 성공하자 스웨덴 의회는 구스타브 1세 에릭손 바사를 스웨덴 왕으로 임명한다. 이때가 1523년 6월 6일이다. 이 날은 스웨덴 국경일로 지정되었다. 어쨌든 이후 독립을 선언한 스웨덴으로 인해 칼마르 동맹은 해체되었고, 스웨덴은 점점 막강한 제국으로 성장하게 된다. 반면 덴마크는 국운이 기울면서 지금의 '작은 덴마크'로 남게 되었다.

한편, 구스타브 1세 바사가 스웨덴 독립을 위해 싸우고 달라르나 지방의 농민들과 함께 덴마크 군을 몰아내기까지, 달라르나는 스웨덴 독립의 본거지로 자리잡았다. 이후 달라르나 주민들은 농민 봉기를 자축하고 기념하기 위해 달라르나의 말이라는 뜻의 '달라 말Dala Horse'을 만들어 판매하기 시작했다. 소나무를 깎아 색색 가지 모양을 뽐내는 달라 말은 어느새 스웨덴을 대표하는 상징이 되었다.

소나무를 깎아 만든 달라 말 작품들 ▶

위대한
제국의 시대

구스타브 2세와
크리스티나 여왕

17세기에 들어와 '북구의 사자'로 불린 구스타브 2세Adolf Gustav II, 1594~1632가 등극하자 스웨덴은 전성기를 맞는다. 그는 러시아와 폴란드를 차례로 격파하고 심지어 독일에서 벌어진 30년 전쟁에 참전해 승승장구한다. 이 전쟁의 결과로 스웨덴은 독일 북부에서 많은 땅을 획득하게 되었다.

스웨덴을 북유럽 최강국으로 발전시킨 구스타브 2세는 독일 브란덴부르크의 마리아 공주와 결혼했지만 마리아의 잦은 유산과 자녀들의 죽음으로 대를 잇기 어려웠다. 그러던 중 크리스티나 공주Drottning Kristina, 1626~1689가 태어난다. 구스타브 2세는 더 이상 아들을 기다리지 않고 크리스티나에게 왕위를 계승할 것을 공표했다. 그리고 나서 얼마 후 구스타브 2세는 30년 전쟁 중인 1632년에 뤼첸에서 전사한다. 그의 나이 아직 38세밖에 되지 않았고, 크리스티나의 나이도 고작 6살이었다. 어린 크리스티나는 18살이 되던 해에 섭정에서 벗어나 왕위에 오를 수 있었다. 당시 스웨덴은 전쟁에서 계속 승리를 거

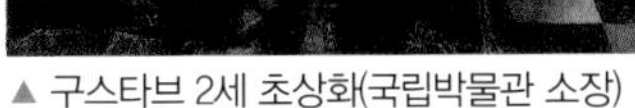
▲ 구스타브 2세 초상화(국립박물관 소장)

▲ 크리스티나 여왕 초상화

두었으나 크리스티나는 오랜 전쟁으로 국민들이 감내해야 할 재정적 부담을 염려해 30년 전쟁을 종식시키기 위해 노력했다. 1648년, 드디어 베스트팔렌 조약을 통해 독일로부터 넓은 땅과 거액의 배상금을 얻어내고 전쟁을 종식시켰다.

스웨덴 궁정을 멋진 문화와 예술의 산실로 만들기 위해 프랑스 철학자 데카르트를 불러 배움을 청하기도 했던 크리스티나는 1654년 고종사촌인 칼 10세[Karl X Gustav, 1622~1660]에게 왕위를 물려준다. 국교인 루터교에서 구교인 가톨릭으로 개종한 크리스티나 여왕은 스웨덴을 떠나 유럽 여러 나라를 떠돌다가 로마에 체류 중이던 1689년 63세를 일기로 세상을 떠났다.

바사 박물관에서 만난 바사 호

젊은 나이에 전투에서 죽음을 맞이한 구스타브 2세. 그의 재위 기간은 짧았지만 그가 세운 공은 적지 않았다. 가히 제국의 시대를 일으켰다고 해도 과언이 아닐 것이다. 위대한 제국의 군주로서 자신을 로마 황제 아우구스투스와 동일시한 구스타브 2세는 자신의 초상화를 지키는 병사로 로마 군사들을 배치했을 정도다. 이런 그의 치적은 함선 바사 호를 통해서도 알 수 있다. 다행히 바사 박물관에 제작 당시 모습 그대로 보관, 전시되어 있어 관람이 가능했다.

바사 박물관Vasa Museum은 스톡홀름 중앙역에서 그리 멀지 않은 유르고르덴 섬 초입에 있다. 박물관에 전시된 바사 호는 17세기 유물을 가득 싣고 출항하자마자 침몰했는데 1996년에 원형의 95%가 보존된 상태로 발굴 되었다. 바사 호는 수백 개의 조각상으로 장식해 대단히 화려하고 아름다웠다. 바사 호가 발견될 당시 1만 4,000개 이상의 나무 조각품과 약 700여 개의 조각상이 포함되어 있었다. 배의 각 부분에는 섬세하게 조각한 장식들이 설치되어 있었는데, 바사 호 자체가 마치 하나의 조각 작품 같았다.

1626년 스웨덴 국왕 구스타브 2세의 명령으로 건조를 시작한 바사 호는 2년이나 걸려 완성되었다. 바사 호 꼭대기에서 바닥 용골까지 높이가 52m에 달하고, 선수에서 선미까지 길이가 69m, 무게는 1,200톤, 10개의 돛이 달린 3개의 돛대를 가지고 있다. 17세기의 군함은 전쟁 도구였을 뿐만 아니라 바다에 떠있는 궁전이기도 했기 때문에 왕의 권위를 나타내기 위해서는 배를

▲마치 하나의 조각 작품 같은 바사 호의 모습

▲바사 호 내부의 모습. 4층 구조의 선체로 당시 유럽에서 가장 큰 배였다.

화려하게 꾸미려 했을 것이다. 뿐만 아니라 이 배에는 145명의 선원(해군)과 300명의 군인(육군)이 탈 수 있었다. 바사 호는 당시 전 유럽을 통틀어 가장 규모가 큰 배였다고 하는데, 선체는 4층 구조로 되어 있다.

1628년 8월 10일, 드디어 바사 호는 진수식을 마치고 스톡홀름 항구를 출항했다. 왕조의 이름을 따 배의 이름을 바사Vasa라고 불렀다. 당시 구스타브 2세는 모두 4척의 배를 건조했는데 바사 호는 그 중 가장 규모가 큰 군함이었다. 그런데 배가 항구를 빠져나가는 순간, 갑자기 돌풍이 일기 시작해 얼마 못 가서 옆으로 쓰러지고 말았다. 이처럼 배가 쉽게 기울어져버린 것은 2층으로 된 함포 선실이 상층부에 위치해 있어 무게 중심이 위쪽에 쏠렸기 때문이다. 그렇게 물에 잠긴 후 333년이 지나서야 바사 호는 다시 세상에 나올 수

▲ 1628년 완공된 바사 호가 출항 준비를 하는 모습을 그린 그림

있었다.

사실 바사 호는 오랫동안 스웨덴의 숙적이었던 폴란드를 향해 출항할 예정이었다. 당시 폴란드 국왕은 스웨덴 국왕의 사촌인 지그문트 왕으로 두 왕 모두 같은 조부의 자손이었다. 더욱이 지그문트는 한때 스웨덴을 지배하는 왕의 자리에 있기도 했던 인물이다. 그런 그가 가톨릭 신자라는 이유로 왕위에서 내려와 스웨덴이 지배하고 있던 폴란드의 왕이 되었다. 이후 구스타브 2세와 지그문트 왕은 숙적처럼 지냈다. 여하튼 구스타브 2세가 지그문트 왕을 혼내주려던 계획은 바사 호의 침몰로 그만 이뤄지지 못했다.

광기 서린 도시,
웁살라

웁살라로
가는 길

북반구의 한겨울은 언제 해가 뜨려는지. 아침 8시가 넘어 도착한 스톡홀름은 어둑어둑했다. 나는 스웨덴 사람들이 북유럽 신화 속 아스가르드가 있는 곳이라 여기는 웁살라로 가기 위해 기차에 올랐다. 스웨덴 사람들 스스로가 북유럽 신화의 종주국임을 주장하는 바로 그 도시, 웁살라 말이다.

스톡홀름에서 북서쪽으로 약 65km 떨어진 곳으로 스톡홀름 중앙역에서 교외선 기차를 타면 불과 40여 분이면 도착하는 웁살라. 사실 웁살라는 스톡홀름보다 더 오래된 광기가 서린 도시이다.

웁살라는 16세기 이전에 스웨덴 수도로 바이킹의 역사가 고스란히 살아 숨쉬고 있는 곳이다. 또 칼마르 동맹에서 벗어나기 위해 독립 투쟁을 하던 본거지이자, 스웨덴의 전설적인 고대 왕국 '잉 링 왕조'가 시작된 곳이다. 스톡홀름보다 더 오래된 곳이니 당연히 그 광기가 쉽사리 사라지지는 않겠단 생각이 들었다.

웁살라는 또 「닐스의 모험」의 종착지이기도 하다. 「닐스의 모험」은 스웨덴 작가 셀마 라게를뢰프가 1906년에 집필한 아동문학으로, 원제는 '닐스 홀게르손의 신기한 스웨덴 여행'이다. 당시 굉장한 인기를 얻었던 이 책은 주인공 닐스가 거위를 타고 하늘을 날아다니며 여행하는 이야기로, 셀마에게 1909년 여성 최초의 노벨문학상의 영광을 안겨준 작품이다. 작가는 그로 인해 스웨덴 화폐의 주인공이 되는 영예도 차지했다.

▲「닐스의 모험」을 쓴 작가 셀마 라게를뢰프가 그려진 스웨덴 화폐의 앞면(위)과 거위를 타고 날아가는 닐스의 모습이 그려진 뒷면(아래)

닐스 홀게르손의 신기한 스웨덴 여행을 잠시 들여다보면 이렇다. 허구한 날 부모 속을 썩이고, 농장의 동물들을 괴롭히던 닐스는 어느 날 우연히 발견한 톰테[북유럽 신화 속 난쟁이]를 괴롭히다 저주에 걸려 난쟁이가 되고 만다. 그러다 집에서 키우던 거위 모르텐과 기러기 떼를 따라 스웨덴을 일주하는 모험을 한다. 결국 집으로 돌아오게 된 닐스는 착한 소년이 되었다는 교훈적인 내용이다.

그렇게 닐스와 북유럽 신화 속 주인공들이 사는 웁살라로 가는 길에 뒤늦게 겨울 해가 떠오르는지 점점 차창 밖이 환해지면서 눈이 부셔오고 있었다.

광기 서린 도시의 신화

웁살라에는 북유럽에서 가장 큰 성당이 있다. 바로 웁살라 대성당이다. 1260년부터 짓기 시작해 1435년까지, 무려 175년에 걸쳐 완공된 이 성당은 웁살라 대주교였던 야코프 울프손이 완성했다. 높이 118.7m로 스칸디나비아 반도에서 가장 높은 성당이다.

웁살라 대성당의 여정은 그리 순탄치만은 않았다. 16세기 중반 스웨덴을 독립시켰던 구스타브 1세 바사가 가톨릭에서 루터교로 종교 개혁을 단행하면서 가톨릭 성당이었던 이곳은 개신교 교회로 변했다. 1702년에는 화재까지 발생했는데, 그전까지 방치되었던 성당은 그로부터 200년이 지나서야 지금의 모습으로 재건축을 할 수 있었다고 한다.

웁살라 대성당 내부에는 여러 무덤이 있는데, 그중에서 우리가 기억할 만

무려 175년에 걸쳐 완공된 웁살라 대성당. ▶
북유럽에서 가장 큰 성당이다.

한 인물의 무덤 2개가 있다. 하나는 1523년에 스웨덴을 덴마크의 지배에서 독립시켜 강력한 왕국을 건설한 구스타브 1세 바사 왕 부부의 무덤이다. 바사 왕은 스웨덴 건국의 아버지로 불릴 만큼 스웨덴 사람들의 사랑을 받는 인물이다. 사실 바사 왕은 스톡홀름에 묻히고 싶어 했지만 안타깝게도 새로운 왕도인 스톡홀름이 그가 죽은 후인 1634년이 되어서야 이전되는 바람에 어쩔 수 없이 당시의 수도였던 웁살라에 묻히게 되었다.

나머지 하나는 '식물 분류법'을 만든 세계적인 식물학자 카를 폰 린네의 무덤이다. 성당에 들어서면 왼쪽 맨 앞쪽 바닥에 그의 무덤 표식이 있고, 그 왼쪽 공

▲ 웁살라 대성당에 있는 구스타브 1세 바사의 석관(왼쪽)과 바닥에 안장된 린네의 표지석(오른쪽)

간에 린네를 기리는 공간을 별도로 마련해 놓았다.

웁살라 대학 교수였던 린네는 1743년도에 원래 있던 식물원을 재건해 1778년에 퇴임할 때까지 이곳에서 식물 분류법을 연구했다. 후에 구스타브 3세 국왕이 1787년 웁살라 대학에 기부함으로써 비로소 체계를 갖춘 린네 식물원이 된다. 그 후 1807년에는 카를 폰 린네 탄생 100주년 기념일에 맞춰 린네 기념관이 추가로 개관되었다.

그가 만든 식물 분류법을 토대로 만들어진 식물원에는 현재 1,300여 종의 식물이 전시되어 있다. 이곳은 린네 공원이라고도 부르는데 유럽에서도 가장 잘 정돈된 식물원으로 표본 수도 가장 많다. 단지 학술적인 연구 공간일 뿐 아니라 스웨덴 사람들이 가장 좋아하는 휴식 공간으로 이용되는 곳이다.

웁살라에 왔다면 꼭 놓쳐서는 안 되는 곳이 있다. 바로 웁살라 성Uppsala Slottet이다. 웁살라 시내가 한눈에 내려다보이는 언덕 위에 있는 이 성은 1550년경에 구스타브 1세 바사가 덴마크의 침입으로부터 웁살라를 지키겠다는 신념으로 지은 요새다.

성에는 도시를 지키기 위한 '왕의 대포'가 있고, 바로 옆에는 도시의 주민들에게 안전에 대한 경고를 해주기 위한 '구닐라 종Gunilla Bell'이 있다. 혹자는 왕의 대포가 가톨릭 교회의 재산을 몰수해 국가 재정을 충당한 구스타브 1세 바사가 주교들을 감시하기 위해 설치한 것이라고도 한다. 구닐라 종은 1588년 요한 3세Johan III, 1537~1592 왕의 두 번째 부인 구닐라Gunilla Bielke, 1568~1597 여왕이 웁살라 교회에 기증한 것이다. 이 종은 매년 4월 30일 밤 9시에 봄의 축제 '발

▲ 웁살라 성에서는 웁살라 대성당을 향하고 있는 '왕의 대포'와 그 옆에 우뚝 서있는 구닐라 종을 볼 수 있다.

모리'의 시작을 알리며 요란하게 울린다. 4월 30일은 북위 60도 이북에 위치한 스웨덴이 긴 겨울잠에서 깨어나는 날이다. 한마디로 구닐라 종이 웁살라의 봄이 왔음을 알리는 것이다. 웁살라 대학의 학생들이 구닐라 종을 치면 시내에서는 본격적으로 광란의 축제가 시작된다.

웁살라는 학문의 도시이기도 하다. 웁살라 대학은 대성당을 완성한 야코프 울프손 대주교가 1477년에 스웨덴의 독립 의지를 구현하기 위해 세웠다. 정치적으로는 비록 덴마크의 지배를 받고 있었지만 문화적으로는 덴마크로부터 독립적이라는 묵시적인 자존심의 발로였다. 그 후 바사 왕의 노력으로 독립을 이루자 웁살라 대학은 재정난을 겪으며 잠시 폐교 위기에 놓이기도 한다. 그러나 구스타브 2세가 자신이 가지고 있던 토지를 비롯한 재물들을

▲웁살라 대학교 건물 안내도. 안내도를 보면 캠퍼스 한복판에
대학 설립 연도인 '1477년'을 기리는 건물을 발견할 수 있다.

헌납함으로써 대학은 다시 살아날 수 있었다. 스웨덴이 필요로 하는 인재 양성을 바라는 그의 바람 때문인지 그 후 스웨덴은 지금까지 무려 11명의 노벨상 수상자를 배출했다. 그것도 이곳 웁살라 대학에서 말이다.

웁살라 대학에는 유명한 일화가 하나 있다. 다름 아닌 미셸 푸코와 관련된 '광기의 기억'이다. 웁살라 대학에는 카롤리나 레디비바Carolina Rediviva라는 이름을 가진 중앙도서관이 있는데, 바로 이곳에서 1950년대 프랑스 철학자이자 정신병리학자인 미셸 푸코가 그의 가장 위대한 저서로 알려진 「광기의 역사」를 썼다. 이후 그는 스웨덴 국립 웁살라 대학에 박사학위를 신청했는데, 논문을 심사한 교수들이 "논문이라기보다는 현란한 문학에 가깝다."는 이유로 학위 수여를 거부했다. 이에 푸코는 "정신 분석은 상상력의 맥락을 알아야 한다."라고 강변했는데 받아들여지지 않았다. 좌절한 푸코는 다시 프랑스 소르본 대학에 논문을 제출했고 우여곡절 끝에 통과된다.

푸코는 어느 인터뷰에서 "웁살라의 카롤리나가 없었다면 나는 「광기의 역사」를 쓸 수 없었을 것"이라고 말한 적이 있다. 그건 아마 이곳에 보관 중인 고대에서 중세까지에 이르는 방대한 양의 인문학과 정신병리학에 대한 자료를 지칭하는 것이었으리라.

웁살라 대학에서 느끼는 단순하지만 중요한 진리는 바로 지적인 산물은 지적인 자료가 있어야 가능하다는 사실이다. 그리고 광기를 용납할 수 없는 사회는 죽은 사회라는 사실이다. 그 단순한 진리를 다시금 느끼며 웁살라 대학을 나섰다.

신들의 도시,
감라 웁살라

아스가르드로
가는 길

인간과 다를 바 없는 신들이 살던 곳. 아니 인간이 신화 속 발할라의 신처럼 살던 곳. 그곳이 감라 웁살라는 아니었을까? 문득 그런 생각이 든 건 감라 웁살라에 대한 이야기가 떠올라서였다. 북유럽 사람들이 선사 시대부터 매년 계절이 바뀔 무렵인 동지와 하지가 되면 제물을 바치는 의식을 치르는데, 스톡홀름 북쪽에 위치한 감라 웁살라가 그 의식을 치르는 장소였다. 그래서인지 이곳에 북유럽 신화 속 아스가르드가 있다고 전해진다.

그렇게 아스가르드를 볼 수 있을지도 모른다는 기대감을 가지고 '옛 웁살라'였던 감라 웁살라로 향했다. 웁살라 역에서 버스를 타고 10여 분이면 도착하는 곳이다. 버스에서 요금을 내려고 동전을 내밀었더니 기사가 대뜸 카드만 받는다고 한다. 2.5유로라서 현금을 낸 건데 카드 결제를 할 수 없으면 내리라는 투다. 재빨리 카드를 꺼내 버스비를 내고 자리에 앉았다. 고대 도시

▲ 마치 경주의 왕릉을 보는 듯했던 감라 웁살라의 고분들

인 '감라 웁살라'를 가는데 가장 최신식 전자 결제 시스템을 사용해야 갈 수 있다니. 문득 영화 〈제5원소〉의 하늘을 나는 택시가 떠올랐다. 바로 그 택시를 타고 가면 더 어울릴지 모르겠다는 생각이 뇌리를 스쳤다.

감라 웁살라에 도착한 순간, 마치 경주의 왕릉에 온 느낌이 들었다. 거대한 왕의 봉분들이 늘어서 있는 게 우리네 고분과 별반 다르지 않았다. 유럽에서 이런 고분들을 보게 되다니, 낯설기도 한 동시에 신기했다. 다른 곳에서는 이런 고분들을 볼 수 없기에 더욱 그런 기분이 든 건지도 모르겠다.

스웨덴 시조 왕들의 무덤이 어쩌면 신화 속 주인공의 무덤일지도 모른다는 생각에 조금은 떨리는 마음으로 다가갔다. 경주의 고분들처럼 주욱 늘어선 봉분들은 마치 신들이 만들어 놓은 놀이터 같았다. 마침 아이들 몇 명이

▲ 버스에서 내리면 바로 보이는 감라 웁살라 박물관

고분 위에서 뜀박질을 하고 있는 모습을 보니 아주 오래전 시간의 주인들이 어린아이로 환생해 자기 무덤 위에서 놀고 있는 것인지도 모르겠다는 엉뚱한 생각이 들었다.

감라 웁살라의 고분들

감라 웁살라Gamla Uppsala는 웁살라 교외에 있는 작은 마을이다. '옛 웁살라'라는 뜻의 감라 웁살라는 3~4세기부터 정치, 경제, 종교의 중심지로, 의회의 일종인 스비아 팅그가 있었던 곳이다. 그뿐 아니라 '디시

▲감라 웁살라 성당. 성당 곳곳에 종교적 의미가 담긴 오래된 룬스톤을 발견할 수 있다.

르Disir'라는 발키리를 기리는 '디스팅 축제'와 '디사블로트Disablót'라는 인신 공양 의식이 행해지는 곳이기도 했다. 중세 시대에 이르러서도 감라 웁살라는 스웨덴 남부 우플란드 지방에서 가장 큰 마을이었고, 1164년에는 스웨덴의 대주교좌가 된 곳이다.

감라 웁살라는 예전에 웁살라 신전Uppsala tempel이 있었다는 고대 북유럽 종교의 중심지였다. 11세기에 브레멘의 아담이 쓴 「함부르크 주교들의 사적」과 13세기에 스노리 스툴루손이 쓴 「헤임스크링글라」에 웁살라 신전에 대해 언급되어 있다. 신전에 대한 여러 학설이 제기되고 고고학적 추적이 분분한 가운데 최근 많은 양의 목조 구조물들이 발굴되었다. 이는 감라 웁살라가 인신 공양을 비롯한 종교적 활동의 장소였다는 것을 뒷받침하는 중요한 증거가 된다.

1073년에서 1076년 사이에 브레멘의 아담이 쓴 「함부르크 주교들의 사적」은 중세 북유럽의 역사를 가늠하는 데 가장 중요한 사료 중 하나로 손꼽힌다. 또한 북유럽 사람들이 북아메리카를 발견한 사실을 언급한 가장 오래된 기록이기도 하다. 이 사료집은 788년 웁살라에 주교좌를 설치했을 때부터 작가 아담[1050년 이전에 태어나 1085년경에 사망 추정]이 살던 시대까지를 다루고 있다. 이 시기는 거의 바이킹 시대와 일치한다.

특히 「함부르크 주교들의 사적」에 있는 웁살라 신전 삽화가 눈길을 끈다. 삽화 맨 오른쪽에 사람이 샘에 던져져 제물로 바쳐진 것이 묘사되어 있다. 이 그림의 제목은 '웁살라의 영목'이다. 영목[靈木]은 11세기 하반기에 웁살라 신전 앞에 서 있던 나무를 가리키는 것으로, 자작나무인지 주목나무인지는 정확히 알려져 있지 않다.

"신전 옆에 매우 커다란 나무가 가지를 넓게 뻗치고 있는데
겨울이나 여름이나 가리지 않고 늘 푸르다.
무슨 종류의 나무인지는 아무도 모른다.
또한 거기에 샘이 하나 있어서 이교도들이 사람을 산 채로 집어던져
인신 공양을 벌였다. 제물로 바친 시체가 발견되지 않으면
사람들은 자신들이 빌었던 소원이 이루어진 것이라고 믿었다."

– 브레멘의 아담, 「함부르크 주교들의 사적」 중에서

우물 옆에 우뚝 선 상록수라는 설명은 마치 북유럽 신화에 나오는 9개의 세계를 지탱하는 나무 위그드라실을 연상시킨다. 어쩌면 기독교 개종 이전

▲ '웁살라의 영목'이라는 제목의 웁살라 신전 삽화.
오른쪽에 샘에 던져져 제물로 바쳐지는 사람을 묘사했다.

의 스웨덴 사람들은 자신들이 섬기는 북유럽 신화에 등장하는 신들의 세계를 그대로 모방하고 따라 했을 수도 있었겠다. 더구나 인신 공양까지 했다는 사실은 그들이 섬기는 신에게 절대 복종과 충성을 표시하는 것이기에 중요한 의미를 갖는다.

인신 공양 설화는 인신 공양을 통하여 신과 대화하는 과정을 의미한다. 이에 관한 설화는 세계적으로 널리 퍼져있어 각종 구비전승과 신화에서 쉽게 찾을 수 있다. 기독교의 성서에 있는 메소포타미아 히브리 신화에서 아브라함이 아들 이삭을 제물로 바치라는 여호와의 명에 따르는 대목이 대표적이다.

신에게 제물을 바치고 신의 보호를 받을 수 있다는 언약 관계의 증표로 인간을 희생시킨 것이다. 인신 공양에 관한 한 우리나라도 예외는 아니다. 심청전이나 에밀레종 설화만 봐도 알 수 있다. 자신에게 가장 소중한 것을 바칠 수록 보상은 더욱 확실할 것이라는 믿음에서 자식을 바치는 일도 벌어졌을 것이다.

무덤의 주인은 누구인가?

12세기의 덴마크 연대기(Saxo Grammaticus)에서는 오딘이 이곳에 살았을 것이라고 추정했다. 사실 이 마을은 스웨덴 초기 왕으로 알려진 잉비 프레이(Ingvi Frey)와 더 관련이 있다. 잉비 프레이에 대해 역사학자들은 간혹 그를 터키 왕이나 오딘의 아들이라고 불렀다. 그러나 그는 스웨덴 건국 신화에 등장하는 신적인 존재로 스웨덴 역사에서 가장 중요한 인물이다.

스노리 스툴루손은 잉비 프레이가 감라 웁살라에 살았다고 썼다. 그는 스웨덴 건국 과정에서 성스런 왕권과 신성한 피에 대해 서술하면서 바로 그가 스웨덴 초창기 윙리아(Ynglinga) 왕조를 세운 인물이라고 했다. 브레멘의 아담은 이교도들에게 웁살라의 중요성을 알렸다고 했다. 그는 웁살라에 있는 성전이 금으로 덮여 있었고 오딘과 토르의 동상이 잉비 프레이의 동상과 함께 나란히 있다고 했다. 또한 사람들이 이들에게 제물을 바치며 신성시했고, 조상처럼 숭배했다고도 했다. 감라 웁살라에서 춘분 때마다 장엄한 의식이 열렸으며 이교도가 아닌 사람들도 참석했다고 전해진다. 이 의식에서 사제들은 9명의 사람들과 다양한 종의 9마리 수컷 동물들을 제물로 바쳤다고 한다.

윙리아 왕조 무용담은 잉비 프레이라는 신적인 존재가 죽어서 감라 웁살라의 무덤에 묻힌 후에도 계속 많은 곡물을 수확할 수 있게 해주었다. 사람들은 이런 일이 잉비 프레이의 영혼이 스웨덴에 머물러 있는 한 계속될 것이라고 믿었다. 그래서 잉비 프레이를 오딘과 마찬가지로 신적인 존재로 여기며 그에게 제물과 희생양을 바치고 섬겼을 것이다.

19세기에 들어서 스웨덴은 러시아와의 전쟁에서 패한 대가로 핀란드를 넘겨주고 엄청난 허탈감에 빠졌다. 그래서 지난 바이킹 시대의 선조들이 이루었던 업적들을 되돌아보기 시작했다. 지난 영광을 오늘에 되돌릴 수만 있다면 얼마나 좋을까. 이런 생각에서 시작한 스웨덴의 자구책은 다름 아닌 바이킹 신화였다.

지난 바이킹 시대에 스칸디나비아 국가들, 즉 덴마크와 노르웨이, 스웨덴은 하나의 연합 국가로 공존했었다는 사실을 새삼 깨달았다. 그래서 또다시 스칸디나비아가 하나가 될 수 있다면 좋겠다는 꿈을 가지게 되었다. 스웨덴은 과거로 회귀하는 꿈을 꾸고 있는 듯했다. 그것은 또한 감라 웁살라가 지닌 과거의 영광을 재현시켜야 하는 이유이기도 했을 것이다.

1856년에 스웨덴 주도하에 감라 웁살라에서 스칸디나비아 3개국 학자들이 모여 학술회의를 개최했다. 바이킹 시대의 의미에서부터 오늘날 바이킹의 영향에 이르기까지, 여러 분야를 다뤘다. 한편 스웨덴 정부는 본격적으로 감라 웁살라 고분들을 발굴하기 시작했고, 1874년이 되자 대부분의 고분 발굴을 마쳤다.

이 고분들을 탐사한 결과 스웨덴의 전설적인 시조 왕 아운과 에길, 그리고 아딜의 무덤인 것으로 밝혀졌다. 실제로 아운은 에길의 아버지이고, 에길의 아들 오타르는 이곳에 묻히지 않았다. 그의 무덤은 이곳에서 조금 더 북쪽으로 올라간 곳에 위치한 벤델Vendel이라는 곳에 있다. 그런데 오타르의 아들인 아딜은 이곳 감라 웁살라의 선조들 곁에 나란히 묻혀 있다.

이러한 사실들은 1010년에 쓰여진 서사시 「베오울프」에 그 이름들이 등장해 알 수 있다. 뿐만 아니라 노르웨이 연대기인 윙리아탈Ynglingatal과 스노리 스툴루손이 쓴 「잉리아 사가Ynglinga saga」에도 그 이름들이 등장한다.

스노리 스툴루손은 실제로 1219년 이곳 감라 웁살라를 방문했다고 한다. 당시 스노리 스툴루손이 감라 웁살라를 찾아와 에스킬이라는 사람을 만나 신화와 사실에 대한 여러 이야기들을 수집해 돌아갔다는 것이다. 이러한 사실을 볼 때 감라 웁살라에 있는 무덤의 주인공들이 잉비 프레이의 후손들이라는 사실이 전혀 과장된 것은 아닌 듯싶다. 단순히 바이킹 수장들의 무덤일 것이라는 주장은 오히려 설득력이 떨어진다.

하지만 오늘날 이런 사실들을 확인할 수 있는 방법은 없다. 이 사실들은 선대왕들이 죽은 후 수세기가 지날 때까지 전혀 기록되지 않다가 후대에 가서야 기록된 것들이기 때문에 사실을 확인하는 노력은 별 의미가 없다는 말이다.

아무튼 고분에서 출토된 물건들을 꽤나 지체 높은 왕의 것으로 볼 수 있

▲ 감라 웁살라 고분에서 출토된 바이킹 유물들

다. 그런데 흥미로운 사실이 있다. 서쪽 고분은 남자의 무덤으로 판명이 났는데 동쪽 고분은 여자의 것으로 보인다는 사실이다. 무덤에서 나온 뼛조각을 분석한 결과, 서쪽 남자의 나이는 20대에서 40대 사이이고, 동쪽 여자는 20대에서 30대 사이라고 한다.

과학이 발전하면 할수록 역사적 사실들 또한 더욱 구체화되어 간다. 그렇기에 사실을 확인하는 작업은 하면 할수록 어쩌면 더욱 혼란에 빠질 수 있다는 것 또한 염두에 두어야 할 것이다. 어쩌면 추상적이고 불확실한 역사를 신화처럼 포장한 채 두는 것이 역사성을 더 높이는 일일 수도 있지 않았을까, 라는 단순한 생각을 해본다.

진눈깨비 내리는 어느 겨울날, 감라 웁살라 고분을 산책하며 1,500년 전 역사 속으로, 아니 신화 속 세계로 들어가 이름 모를 왕들과 대화하며 거니는 기분은 '황홀' 그 자체이다.

▲ 오래전 왕들과 대화하는 듯했던 감라 웁살라 고분에서의 산책

스웨덴 최북단 도시, 키루나

스칸디나비아 북쪽 라플란드 지역

북극권이 시작하는 곳에서 북쪽으로 145km 정도 떨어진 곳에 있는 키루나Kiruna는 스웨덴 최북단에 위치한 도시다. 인구는 2만 3,167명2016년 기준, 주요 산업은 광업으로 도시 문장에 철과 번개가 그려져 있다. 도시 이름인 키루나도 사미어로 번개를 뜻하는 '기론Giron'에서 유래했다. 이곳은 해마다 5월 30일부터 7월 15일까지는 백야 현상이, 매년 12월 초부터 다음 해 1월 초까지는 극야 현상이 일어나는 곳이다. 북극권에서만 일어나는 현상을 볼 수 있는 곳이다.

키루나는 라플란드lapland 지역에 있는 도시로, 라플란드는 '라포니아laponia'라는 라틴어에서 비롯되었다. '라퐁'이라고도 하는데 이 말은 경멸적인 의미(라퐁의 스웨덴어 어원은 '넝마를 걸친'이라는 의미를 가짐)를 가지고 있어 지금은 사미인들이 사는 지역이라는 의미의 '사미Sápmi'라는 말로 대체되었다. 따라서 사미라는 말은 사람과 지역을 모두 가리키는 말로 사용된다.

라플란드에 거주하는 사람들은 대부분 사미인들이다. Sámi, Sápmi, 또는 Saami라고 표기하는 이들이 바로 스칸디나비아 원주민이다. 스칸디나비아 최북단 라플란드에 거주하는 사미인들은 노르웨이와 스웨덴, 그리고 핀란드와 러시아에 대략 8만여 명이 흩어져 살고 있다. 그중에서 4만여 명은 노르웨이에, 2만여 명은 스웨덴에, 6천여 명은 핀란드에, 2천여 명은 러시아 콜라반도에 살고 있고, 그 외 만여 명 정도가 라플란드 이외 지역인 시베리아를 떠돌며 유목 생활을 하는 것으로 알려져 있다.

사미인은 약 1만 년 전 해빙기에 스칸디나비아 반도 북부와 러시아 콜라반도에 자리잡았다. 현재는 유엔이 공식적으로 소수 원주민으로 인정하고

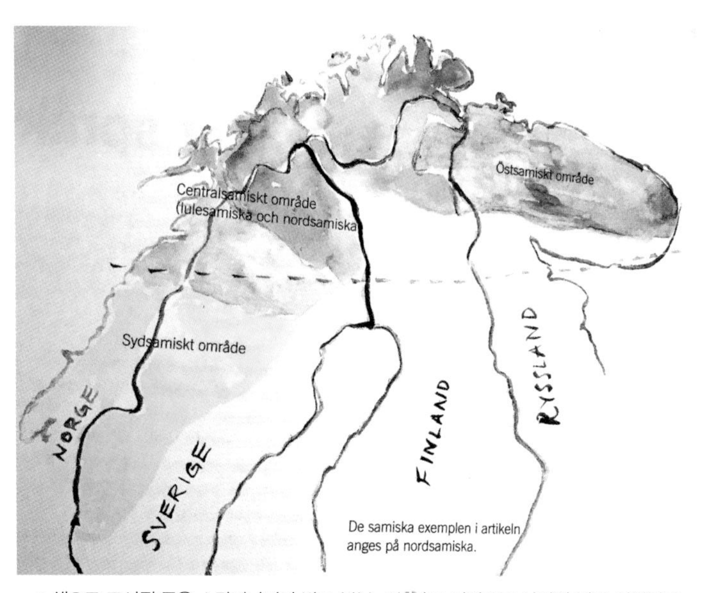

▲ 색으로 표시된 곳은 스칸디나비아 반도 북부 라플란드 지역으로 사미인 거주 지역이다.

있다. '콜트'라는 전통의상을 입고 고유 언어를 갖고 있는 사미인들은 1950년대부터 사미 연합을 결성해 자치권 투쟁을 벌였고, 1993년부터 독자적으로 사미 의회를 운영하고 있다. 한편, 핀란드, 노르웨이, 스웨덴 사미 의회는 소수민족의 권리를 강화하기 위해 북유럽협의회를 결성하기도 했다.

그들은 주로 '라부lávvu'라고 부르는 원뿔형 천막에서 생활해 왔다. 따라서 라플란드에서 라부가 있는 곳을 보게 된다면 그곳에 사미인들이 거주하고 있다고 생각하면 틀림없을 것이다. 사미인들은 라플란드 지역에서 순록과 함께 살고 있다. 대부분의 순록들은 자연 상태에서 자라는 것이 아니라 집단 양식을 하는 가축들이다. 따라서 사미인들에게 순록은 생계를 이어주는 중요한 수단일 뿐만 아니라 반려자의 역할을 하는 가축이기도 하다.

▲ 언제나 순록과 함께 생활하는 사미인들. 그들에게 순록은 생계 수단이자 반려자다.

라플란드 지역에서 사미인들이 기르는 순록은 모두 52개의 지역으로 나누어서 사육하고 있다. 만일 키루나 지역의 얼음호텔이 있는 유카스야르비에 간다면 그곳은 '탈마'라는 고유한 마을 이름을 가지고 있는 지역임을 알게 될 것이다. 모든 사미 마을은 순록을 사육하기 위해 지역을 배정해놓고 고유 명칭을 부여한 것이다. 아무 곳에서나 임의로 순록을 방목할 수 없다.

사미인들의 삶

17세기에 각국 정부들은 쓸모없는 땅으로만 알았던 라플란드에 관심을 가지게 된다. 얼어붙은 땅에서 나는 모피와 풍부한 어획량을 가진 북해 해역에 대해 탐욕을 드러내기 시작한다. 특히 스웨덴은 1634년 라플란드 지역에서 은 광맥을 발견하면서부터 본격적인 식민화 작업을 서두른다. 스웨덴 왕국은 라플란드의 주인인 사미인들에게 세금을 납부하도록 강요했고, 루터파 교회는 애니미즘 신봉자들인 사미인들에게 개신교로 개종할 것을 강요하며 잔인한 살해 위협까지 서슴지 않았다.

스웨덴 정부는 사미인의 샤먼이 사용하는 신성한 북을 불태웠을 뿐만 아니라 때로는 샤먼들을 불태워 죽이는 일도 빈번히 저질렀다. 대표적인 사건이 1693년 사미인 샤먼인 라르 닐손을 공개적으로 불태운 것이다. 아이슬란드에서도 이와 유사한 일이 있었다. 개신교 개종을 강요하며 가톨릭 신부를 공개적으로 불태워 죽인 사건이다.

스웨덴과 노르웨이1905년 스웨덴으로부터 독립, 그리고 러시아와 핀란드1917년 러시아로부터 독

▲ 사미인들이 쓰는 모자의 뿔은 순록의 뿔을 형상화한 것이다.

[립]는 국경을 가로막고 유목민인 사미인들의 이동을 금지하기도 했다. 그뿐 아니라 스웨덴 정부는 라플란드에 거주하는 사미인 수천 명을 남부 지방으로 강제 이주시키며 동화 정책을 꾸준히 펴나갔다. 이에 따라 학교에서는 부족 언어를 구사하는 사미인 아이들이 체벌을 받았고, 심지어 배척을 당하기까지 했다. 사미인 동화 정책에 따라 사미인 자녀들은 강제로 부모와 분리돼 기숙사 학교에 배치되어야 했고, 스웨덴 문화에 적응시키기 위해 수많은 사미인들의 성을 바꾸고 부족의 전통 언어인 사미어까지 자녀에게 전승하지 못하도록 강요하는 일까지 발생했다.

라플란드의 보물을 찾아 올라온 남쪽 개척자들을 몸서리치게 만든 것은 다름 아닌 '극한'의 날씨였다. 결국 스웨덴 정부는 '라프마르크 선언 [1673]'을 선포하고, 이곳에서 사는 사람들에게 소작세와 군 의무를 면제해 준다. 이것은

▲ 위쪽부터 키루나의 스웨덴 사미 의회, 이나리의 핀란드 사미 의회, 카라스요크의 노르웨이 사미 의회

다행히 사미인들에게도 적용되었다. 덕분에 라플란드에서 순록치기 사미인들과 소작인들이 서로 낯을 붉히지 않고 함께 지낼 수 있었다.

그렇게 라플란드 지역에서 사미인들과 외지인들이 함께 생활하기 시작하면서 사미인에 대한 인식도 조금씩 바뀌기 시작했다. 하지만 여전히 사미인의 왜소한 신체에 대한 생물학적 인종주의를 강조하고 자신들이 바이킹 후예임을 강조하는 백인 우월주의를 드러내는 일이 빈번히 자행되었다. 결국 이러한 상황을 극복하기 위해 1970년대에 이르러 사미인의 정치적 해방운동이 시작된다. 노르웨이에서는 사미인들이 알타 강 댐 건설 계획에 강력하게 반대하는 저항운동[1980년]을 벌이기도 했다. 이 투쟁은 사미인권위원회가 보다 적극적으로 활동하는 기반으로 작용하는데, 1984년에는 노르웨이 정부 보고서인 〈사미인들의 18가지 법적 지위에 대하여〉를 발간해 인권의식을 고취시키기도 했다.

이러한 노력이 지속되면서 1989년에는 노르웨이에서 최초로 사미 의회가 탄생하는 결과로 이어졌다. 이에 영감을 받아 스웨덴[1993년]과 핀란드[1996년]에서도 사미 의회가 생겨난다. 현재 스웨덴 사미 의회는 키루나에, 노르웨이 사미 의회는 카라스요크, 핀란드 사미 의회는 이나리에 각각 자리하고 있다. 또한 2000년에는 라플란드의 사미인들 모두가 연대하는 사미의회연합을 설립해 라플란드 지역의 사미인들이 공동 대처하는 방안을 강구하고 있다.

노르웨이는 원주민에게 더 많은 권리를 부여하도록 권장하는 '국제노동기구 169번 협약'에 1990년 이후 비준한 유일한 국가다. 노르웨이는 자국 최북단 행정구역인 핀마르크, 인구 7만 3,000명, 면적 4만 6,000㎢의 85%에 해당하는 지역에 거주하는 사미인들에게 최대한의 자치를 부여하고 있다. 핀

▲ 눈 덮인 키루나 시내 풍경

마르크 행정구역은 2005년 이후 사미 의회와 행정자치단체가 공동 관리하고 있다.

키루나의 운명

키루나는 요즈음 도시 이전을 놓고 의견이 분분하다. 키루나 광산 때문이다. 키루나 지하에는 세계 최대의 철광산이 있다. 스웨덴 국영철광회사LKAB는 2만 3,000명에 달하는 이 도시의 주민들 중 약 2,000여 명에게 일자리를 제공하고 있다. 그런데 광산이 주택들이 밀집해 있는 주택

단지 아래 1,400m 이상 깊이에 위치해 있다는 게 문제다. 키루나 인근의 말름베리에트도 키루나와 똑같이 지하 광산이 있는 도시였는데, 침하 현상이 발생해 문제가 됐었다. 이에 스웨덴은 사고를 방지하기 위해 키루나 도심을 최소한 3km 이상 옮겨야 한다고 결정했다.

스웨덴은 현재 가동 중인 16개의 광산을 2030년에는 자그마치 50개로 늘릴 예정이라고 한다. 그렇게 되면 철광석 채굴량이 2030년에는 1억 5,000만 톤으로 현재보다 거의 배에 달할 것으로 전망된다. 스웨덴이 이처럼 철광석 생산에 총력을 기울이는 이유는 유럽이 전 세계 철의 20%를 소비하면서도 자체 생산량은 4%에 불과하고, 그중 90%를 키루나 광산에서 생산하고 있기 때문이다.

스웨덴은 이미 지난 19세기 말 철광석 수출을 위해 노르웨이의 나르비크까지 국가 예산의 13%를 들여 철도를 잇는 사업을 완수했다. 엄청난 투자를 한 사업임에 틀림없다. 그러나 사미 의회는 키루나를 지키기 위해 도시 이전 계획에 그다지 관심을 보이지 않는다. 인간의 탐욕 때문에 도시가 피폐해지고 망가져간다는 주장이다. 과연 어떤 결말을 맞게 될지 지켜볼 일이다. 어쩌면 도심 이전 계획이야말로 스웨덴 국내 문제가 아니라 인류 문명을 가늠하는 척도가 될지도 모를 일이다.

유카스야르비의 얼음호텔

키루나에는 유카스야르비Jukkasjarvi라는 작은 마을이 있다. 이 마을은 사실 사미인의 순록 농장이 자리잡고 있는 지역이다. 그런데 멋진 얼음호텔을 지어 최고의 관광지로 부각시켰다. 겨울이면 해마다 약 5만 명의 관광객들이 이곳을 찾아온다. 사미인의 순록 농장 이외에는 이렇다 할 즐길 거리가 없던 곳에 얼음호텔은 최고의 아이디어 상품이 아닐 수 없다.

얼음호텔은 1990년에 프랑스 조각가가 인근의 톤 강이 얼어붙자 그곳에 이글루를 짓고 순록 가죽을 깔고 하룻밤을 자고 나면서부터 입소문을 타기 시작했다. 철광석을 캐는 광산촌이 얼음호텔 덕분에 스웨덴 최고의 겨울 관

▲ 유카스야르비의 얼음호텔 입구

▲ 얼음호텔 객실과 내부 모습

광지로 손꼽히는 곳이 될 정도로 유명세를 타게 되었다. 그 덕분에 이제는 미리 예약하지 않으면 겨울철에 얼음호텔www.icehotel.com을 이용하기 힘들 정도라고 한다.

매년 10월, 눈이 오기 시작할 즈음 호텔을 만들기 시작해 12월 중순이면 입실할 수 있다. 호텔의 벽과 바닥, 천장, 지붕, 침대, 테이블, 의자 등 60개의 객실과 가구 등 모두 얼음으로 만드는데 가장 섬세한 얼음 작품이 있는 아이스바와 리셉션실도 당연히 해마다 새로운 모습으로 다시 태어난다. 호텔 입구 쪽에 마련해 놓은 칵테일 바는 전 세계에서 가장 멋진 바 10곳에 선정될 정도로 인기가 많다. 숙박을 하지 않더라도 한번 들러 한잔하고 가면 좋을 것이다. 이듬해 4월이 되면 얼음이 녹기 시작해 5월이면 흔적도 없이 사라진다.

매년 전 세계의 예술가와 건축가들이 모여 만들기 때문에 예술적인 가치도 높은 편이다. 호텔을 짓는 데 무려 얼음 1만 톤과 눈 3만 톤이 사용된다. 객실 내 온도는 영하 5도 내외로, 순록 가죽을 깔고 그 위에 침낭을 놓고 잠을 잔다. 독특한 테마를 가진 60여 개의 객실에는 무선 인터넷과 필요한 시설들이 대부분 갖춰져 있다. 4성급 호텔이라 사용하는 데 불편함은 없다. 다만 얼음 공간의 특성상 화장실과 사우나는 호텔 바로 옆의 건물을 이용해야 한다.

자연 속의 눈과 얼음의 풍경을 제대로 느끼고 싶다면, 얼음호텔 근처의 따뜻한 오두막 호텔에서 하룻밤을 보낼 수도 있다. 이 오두막은 얼음호텔이 사라진 여름에도 운영하기 때문에 언제든 이용 가능하다. 영화 속 겨울 왕국을 직접 느끼고 싶은 사람들에게는 이 호텔에서 보내는 하룻밤이 정말 꿈같이 짜릿하고 잊지 못할 추억으로 남을 것이다.

라플란드의 오로라 사냥

오로라를 찾아서

겨울철 라플란드 여행에서는 도시들이 대부분 북극권에 위치하고 있어 날씨만 나쁘지 않으면 거의 매일 오로라를 볼 수 있다. 오로라를 볼 수 있다는 기대감이 여행의 재미를 더한다. "정말 날씨만 받쳐준다면" 하는 바람이 라플란드를 여행하는 내내 매일 눈뜨면 바라는 일이 되고 말았다. 그런데 아니나 다를까. 키루나에서 옐리바레로 향하는 중간 지점부터 눈이 내리기 시작했다.

생각보다 많은 눈이 내려 도시 전체가 눈 속에 잠겨있는 듯한 옐리바레Gälli-vare. 인구 만여 명 정도의 작은 도시다. 북극권 시작 지점에서 100km 북쪽에 있으니 당연 북극권 도시다. 그 말인즉 오로라를 볼 확률이 높다는 것을 의미한다. 키루나처럼 철광석으로 먹고 사는 도시인 옐리바레에도 스웨덴 국영 철광석회사가 운영하는 철광석 광산이 있다. 어쩌면 키루나보다 이곳이 더 철광석 생산 지역의 중심에 있는지도 모르겠다.

▲스키 리조트 둔드레트에서 바라본 옐리바레 전경. 작지만 아름다운 도시다.

아무튼 도시는 흰 눈으로 덮여 온통 눈꽃 세상이다. 도시 한쪽에 제법 높은 산이 있고, 시내에는 강인지 호수인지 모를 만큼 큰 호수도 있는데 겨울이라 꽁꽁 얼어 있었다. 이곳에서 오로라를 만날 수 있다면 좋겠다는 기대감을 갖고 호수를 건너 스키 리조트가 있는 곳으로 올라갔다. 시내에서 보았던 산 꼭대기에 스키 리조트 둔드레트가 있었다. 리프트 6개와 경사로 10개, 그리고 호텔까지. 10월부터 5월까지 스키를 탈 수 있다고 한다.

스키장에서 내려와 시내 쪽으로 가다가 올 때 보았던 호숫가로 다시 발걸음을 옮겼다. 어쩌면 이곳에서 오로라를 더 잘 볼 수 있지 않을까 내심 기대하면서. 꽁꽁 얼어붙어 있는 호수에는 스노모빌이 지나간 흔적들로 어지럽혀 있었다. 호수가 얼어있는 동안에는 대부분 스노모빌을 타고 오로라 사냥을 하러 가거나 겨울철 스포츠를 즐기는 듯했다.(라플란드 지역의 오로라 관광은 스노모빌을 이용해 이동하는 경우가 대부분이다.) 아무튼 이곳이 오로라 관찰하기가 스키장보다 나은 듯싶었다. 일단 오늘 밤은 이곳에서 오로라 사냥을 하기로 하고 숙소로 돌아갔다.

드디어 자정이 가까운 시각, 오로라 사냥을 위해 호숫가로 향했다. 그런데 주변이 너무 밝아 황당했다. 추측컨대 호수가 위험하다는 생각에 주변에 강력한 탐색등(단순한 가로등이 아니다)을 설치해 놓은 듯싶었다. 하는 수 없이 호수를 벗어나 인근 숲 속으로 급히 장소를 옮기고 오로라가 나타나기를 기다렸다. 오늘의 오로라 지수를 알아보니 kp1.5 정도밖에 안 되었다. 오로라는 1부터 9까지 숫자로 강도를 표시하는데, 최소한 kp3 kp는 오로라 강도를 표시하는 단위 정도는 되어야 눈으로 볼 때나 사진 찍기가 수월하다. 결국 이날 밤 오로라는 희미한 흔적만 남기고 사라졌다.

▲ 옐리바레에서 만난 첫 번째 오로라, 살짝 꼬리만 흔들고 사라져버렸다.

라플란드의 스웨덴 사람들

핀란드 라플란드 지역을 몇 군데 돌아다니다가 다시 키루나가 있는 스웨덴으로 돌아갔다. 이번 여행의 출발과 도착을 스톡홀름과 키루나로 했던 탓에 키루나 공항에 렌터카를 반납해야 했기 때문이다. 핀란드와 스웨덴 국경의 경비초소는 굳게 문이 닫혀 있었고 국경수비대 사람들은 내다보지도 않았다. 국경을 넘자마자 카레수안도Karesuando라는 작은 마을을 지나는데 예쁜 교회가 보였다. 대개 교회가 있는 곳은 마을이 발달해 있음을 의미한다. 호기심을 참지 못하고 잠깐 마을을 들러보기로 했다.

카레수안도에는 작은 박물관이 하나 있는데, 이름하여 '백악관'이라고 했다. 재미난 이름이라는 생각이 들었다. 박물관에는 이 지역에 거주하던 사미

▲ 카레수안도에 있는 'The White House Museum'

인들에 관한 내용과 생활용품, 제2차 세계대전 당시의 사진들이 전시되어 있었다. 작은 기록들이지만 나름 의미가 있었다. 문득 이 지역에 살던 사미인들은 모두 어디로 갔을까, 라는 궁금증이 생겼다.

전시실을 한 바퀴 둘러보던 중 재미난 글이 적힌 종이 한 장이 눈에 띄었다. 'FIKA'라는 제목의 글이다. 가만 보니 덴마크는 휘게hygge, 스웨덴은 피카fika, 그리고 핀란드는 휘바hyvä라는 말로 자국을 홍보 하고 있었다. "그래, 그런 게 필요하겠지"라는 생각이 들면서, 우리나라는 이에 상응하는 게 뭐가 있을까 한참 생각하다 '새참'이 떠올랐다. '새참', 참 멋진 말이다.

우리네 '새참'이라는 말이 더 멋진 말 아닌가? 꼭 자기들만 그런 단어를 가지고 있는 양 홍보하는 게 어딘지 어색하다. 나라마다 대부분 비슷한 말을 가지고 있는데 자기들만 특별한 말을 가지고 있는 듯 자랑하는 걸 보면서 속으로 "그래, 그런 말은 이제 박물관에나 잘 보관하라고!"라고 말해주고 싶었다. 그러면서 문득, 우리나라도 '새참'이란 말로 유난을 떨면 좋겠다는 생각이 들었다. 한껏 여유를 뽐내는 말로 이보다 좋은 말이 또 있을까?

드디어 키루나에 도착했다. 오늘 밤은 또 어디에서 오로라 사냥을 하면 좋을지 장소를 물색하려고 키루나 인근 주변을 탐색하면서 길을 따라 점점 산속으로 들어갔다. 지도에는 언덕 너머에 호수가 있다고 표시되어 있어서 '조금만 더 가보자' 하면서 길을 따라갔다. 그런데 그만 눈이 잔뜩 덮인 길에 자동차 바퀴가 빠져버렸다.

렌터카 사무실에 전화하니 제일 먼저 "차량은 안전하냐?"고 묻는다. "이런 젠장" 사람 안부는 묻지 않고 차가 먼저 걱정인 모양이다. 그래, 아주 양호하

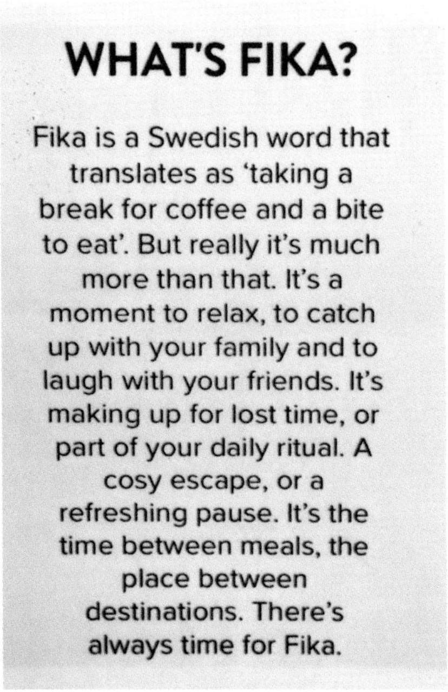

WHAT'S FIKA?

Fika is a Swedish word that translates as 'taking a break for coffee and a bite to eat'. But really it's much more than that. It's a moment to relax, to catch up with your family and to laugh with your friends. It's making up for lost time, or part of your daily ritual. A cosy escape, or a refreshing pause. It's the time between meals, the place between destinations. There's always time for Fika.

박물관에 있는 'FIKA' 설명서 ▶

다. 그러니 "견인차량을 연락해주면 안 될까?"라고 물었더니, 사무실 직원은 날 보고 직접 아비스(AVIS) 긴급출동 서비스로 연락하란다. 알려준 곳으로 전화하니 잠시만 기다리면 곧 가겠다고 한다. 그러나 한참을 기다려도 오지를 않았다.

거의 6시간 만에 도착한 견인차량, 한밤중이었다. 역시나 라플란드의 스웨덴 장사꾼들은 인간이 아니라더니 그런 사람에게 내가 딱 걸린 듯했다. 아무도 없는 산속에서 6시간을 추위에 벌벌 떨며, 아무것도 먹지도 못하고 꼼짝없이 당하고 있어야 한다는 게, 그것도 여름이 아니라 한겨울에 이러려고 라플란드를 왔나 하는 자괴감이 들었다. 그래서 나도 모르게 가장 심한 욕들

▲ 구조 요청 후 6시간이나 지나서야 견인차량이 왔다. 나도 모르게 심한 욕을 퍼부었다.

을 한국말로 마구 쏟아냈다. '욕은 이럴 때 하는 거야'라는 듯이. 그런데도 왜 늦었는지에 대한 변명도, 미안하다는 말도 끝내 한마디 하지 않았다. 아무리 그들을 이해하려 해도 당시에 내 상황이 너무 최악이라 이해하기 힘들었다.

사람들은 좋았던 순간도 기억하지만 나빴던 순간은 더 잊지 못하는 경향이 있다. 내게는 스웨덴 북쪽 라플란드의 추억들이 그랬다. 아비스코 국립공원에 있는 숙소의 불친절이 그랬고, 키루나의 렌터카 회사 직원들의 몰상식이 그랬고, 나르비크에서 아비스코로 넘어올 때 스웨덴 사람들의 무관심이 그랬다. 언제나 돈과 관련되는 일이 있을 때는 친절을 내세우며 다가왔지만 자신들의 시간을 공짜(?)로 할애해야 할 때는 언제나 모른 척으로 일관하고, 필요하면 자신들의 호의는 언제나 돈을 내고 사야만 하는 것이라는 투로 느껴졌다.

자정이 다 되어 숙소에 도착해 한참을 망연자실하며 온몸에 스며든 추위와 싸워야 했다. 보드카 한 병을 거의 다 마시며, 그들이 자랑하는 '피카'라는 가면 속에 숨은 못된 저질 심성을 어떻게 받아들여야 할지 적지 않은 갈등이 생겼다.

여하튼 라플란드에서는 2주일이나 오로라 사냥을 다니며 먹잇감을 쫓았다. 그러나 매일 흐린 날의 연속이었기에 오로라는 만나지 못했다. 그냥 집에 가자고 짐을 싼 그날 밤 드디어 하늘이 열리기 시작했다. 고대하던 사냥감을 만났으니 싸던 짐을 풀어야 했다. 그 후 며칠 동안 나의 오로라 사냥은 다시 시작되었다.

Tip

키루나의 오로라 스폿

키루나에서 오로라 사냥을 하려면 대개 인근 스키장 언덕에 올라야 하는 경우가 많다. 그런데 그곳보다 색다른 사진을 얻고 싶다면 키루나와 아비스코 국립공원 사이의 고속도로에서 촬영을 하면 좋다. 다만, 고속도로에서 차가 지날 때마다 땅이 울려 설치한 삼각대가 미세하게 흔들릴 수 있으니 감안해서 찍어야 한다.

▲ 키루나에서 아비스코 국립공원 가는 중간에 고속도로 졸음쉼터 같은 곳에서 촬영한 오로라. 오로라 지수는 kp 3.5

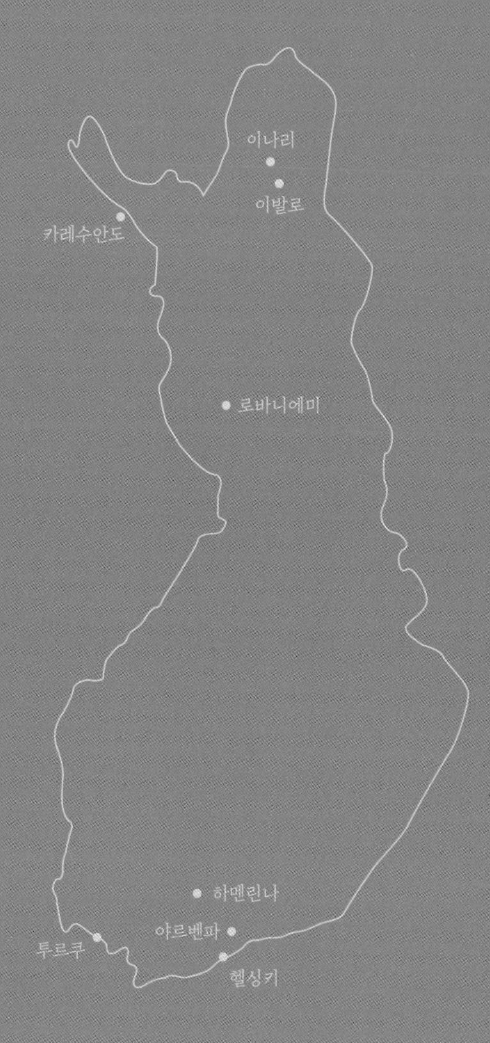
이나리
이발로
카레수안도
로바니에미
하멘린나
야르벤파
투르쿠
헬싱키

04

핀란드

Finland

헬싱키

하멘린나

야르벤파

투르쿠

로바니에미

이발로

이나리

카레수안도

「칼레발라」 최고의 신, 베이네뫼이넨

핀란드 독립 100주년

인어 아가씨를 닮은 도시, 헬싱키

1918년 핀란드 조각가 빌레 발그렌은 파리 유학시절 만든 동상을 그의 고향인 헬싱키로 옮겨 왔다. '인어 아가씨'라고 이름 붙여진 이 동상은 그의 조국이 독립으로 새로 태어나고, 바다에서 탄생했음을 상기시키기 위한 의도로 만들었다. 그러나 스웨덴 신문은 인어 아가씨 대신 '발트 해의 아가씨'라는 별칭을 붙였고, 그 이름이 지금까지 이어지고 있다.

발그렌 동상의 모델은 당시 19살이었던 마르셀 델퀴니라는 프랑스 여성이었다. 핀란드 여성 단체는 동상이 너무 적나라한 모습을 보여주고 있다는 이유로 '인어 아가씨'가 아니라 '프랑스 매춘부'라고 비아냥대며 헬싱키 시내에 동상이 세워지는 것을 반대하기도 했다. 사정이야 어떻든 간에 지금까지 이 동상은 적지 않은 인기를 한몸에 받고 있다. 특히 대학생들에게 최고의 인기를 얻고 있는 듯하나.

헬싱키 대학은 매년 4월 마지막 주에 'Vappu'라는 봄맞이 축제를 벌이는데

▲ '발트 해의 아가씨'라고 불리는 '인어 아가씨' 동상

이때 인어 아가씨가 한몫 단단히 한다. 축제의 마지막 날 학생들은 동상에 올라가 인어 아가씨에게 입맞춤을 하고 그녀의 머리에 대학생들의 상징인 흰 모자를 씌워준다. 이런 행위가 어느 틈엔가 전통처럼 이어져 오다가 1970년대에 이르러서는 모자뿐 아니라 망토까지 덮어주는 남학생들의 치기 어린 애정공세가 이어졌다. 그러다가 간혹 사고가 생기게 되자 1990년대에는 학교에서 이 행사를 금지시키기에 이른다. 그러나 학생들은 그런 제약에 쉽게 굴복하지 않았다. 금지 조치에도 아랑곳하지 않고 인어 아가씨에 대한 그들의 애정 공세는 여전하다고 한다. 생각해보니 이 동상마저 없었다면 헬싱키가 얼마나 삭막했을까? 역시나 대학생들의 호기가 삭막한 도시를 그나마 젊은 도시로 만들고 있는 듯하다.

▲ 헬싱키 중심가의 거리 풍경

이념보다 안정과 발전이 우선

핀란드 영토는 한반도의 1.5배, 그러나 인구는 한국의 10분의 1 수준인 540만 명 정도다. 러시아와 스웨덴의 지배를 받으며 그들과 경쟁하며 살아야 했던 핀란드. 지금은 높은 교육열 덕분인지 소득 수준이 한국의 두 배 이상이 되었다. 북유럽 국가들이 자랑하는 복지제도 역시 우리보다 핀란드가 훨씬 앞서 있다. 모든 부분에서 한국보다 월등한 듯하다. 오랜 러시아 지배에서 벗어나 이제 독립 100주년을 맞이한 핀란드. 그 짧은 시간 동안 지금과 같은 놀라운 성장을 보일 수 있었던 핀란드의 저력이 궁금해졌다.

바이킹 시대 이후 핀란드에서 일어난 가장 중대한 변화는 기독교 전파와 스웨덴 왕국으로의 편입이라고 할 수 있다. 12세기 중엽 스웨덴 왕 에리크 9세Erik IX, 1120~1160의 십자군이 핀란드로 진격해옴으로써 기독교가 전파되고 본격적인 지배가 시작되었다. 그 후 1521년, 스웨덴을 비롯한 북유럽 3개국의 칼마르 동맹이 와해되자 스웨덴의 구스타브 1세는 핀란드를 스웨덴 영토에 포함시키고 절대 왕정을 강화한다. 핀란드에서는 구스타브 1세의 지배 아래 루터교로 개종되는 종교개혁이 진행되었다.

그러나 핀란드 영토를 둘러싼 열강들의 이해는 핀란드를 가만두지 않았다. 러시아가 스웨덴과의 전쟁에서 승리하자 1808년, 스웨덴은 핀란드를 러시아에게 양도한다. 그로부터 100년간, 1917년까지 핀란드는 제정 러시아의 자치 공국으로 지내야 했다.

러시아의 지배 하에서 핀란드의 민족주의는 뒤늦게 싹트기 시작한다. 그에 대한 반증으로 핀란드 언어에 대한 장려 정책이 마련되었다. 스웨덴 지배 하에서 스웨덴어가 핀란드의 행정과 교육에서 주요 언어로 쓰였는데 점차 핀란드어 비중이 늘어난 것이다. 이때 핀란드 전통 구전 시가들을 수집한 엘리아스 뢴로트가 1835년부터 1849년까지 14년간 민족 서사시 「칼레발라」를 저술하여 민족주의에 불을 붙였다. 1892년에는 핀란드어가 드디어 스웨덴어와 견줄수 있을 정도의 공식 지위를 얻게 되었으며, 이후 공식 언어로 자리잡게 된다.

1917년 말, 핀란드는 러시아 혁명을 틈타 독립을 한다. 그러나 러시아 볼셰비키 혁명의 여파는 핀란드를 좌우 진영으로 가르고 내전을 치르게 만들었다. 1918년 1월부터 5월까지 4개월간 진행된 백군과 적군 간의 무력 충돌로 수만 명의 희생자가 발생했다.

다행히 내전은 짧은 기간에 끝났지만 핀란드 현대사에서 가장 아픈 기억으로 남게 되었다. 특히 남부 지역과 서북부 지역 간에 뼈에 사무친 지역 감정으로 자리잡으며 불신의 앙금을 남기게 된다. 다행히 그 후 사민당을 연립정부에 포함시키는 유화 정책과 1939년 발발한 러시아와의 전쟁을 겪으며 핀란드는 '하나의 국가'로 결집되어 갔다.

핀란드 내전은 어느 정도 마무리되었지만, 러시아와의 관계는 갈수록 악화되었다. 제2차 세계대전 중에도 핀란드는 러시아와 두 차례에 걸쳐 전쟁을 벌였다. 핀란드는 1940년 러시아와 벌인 첫 번째 전쟁에서 패했고, 전쟁 패배의 대가로 핀란드 영토의 10%와 산업기반시설 20%에 해당하는 카렐리아 동부 지역 일부를 넘겨주어야 했다. 1944년 9월에 있었던 두 번째 전쟁에서 패한 후에는 북극해로 나갈 수 있는 유일한 통로였던 시르케네스와 마주한 지역을 러시아에 양도해야 했다. 핀란드는 두 번에 걸친 전쟁으로 인해 국토의 12%에 이르는 방대한 지역을 상실하게 된다. 다행인건 1945년부터 갚기 시작한 전쟁 배상금을 7년 만에 다 갚은 것이다.

당시 핀란드가 러시아에 갚은 전쟁 배상금은 3억 달러에 달했다. 배상금은 러시아가 지정한 특정 물품을 지불하는 현물 방식이었다. 아이러니칼하게 이는 핀란드 산업 부흥의 계기를 마련해주었다. 그때 대표적으로 성장한 것이 전자 산업으로, 우리에게 잘 알려진 노키아가 핵심 기업으로 참여했었다.

또한 러시아와 지속적인 수출 관계를 맺음으로써 안정적인 수익을 낼 수 있었던 핀란드는 경제적인 부분뿐만 아니라 경직된 러시아 관료주의 체제를 다루는 경험까지 얻을 수 있었다. 전쟁 배상금 지불 이후인 1991년까지도 러

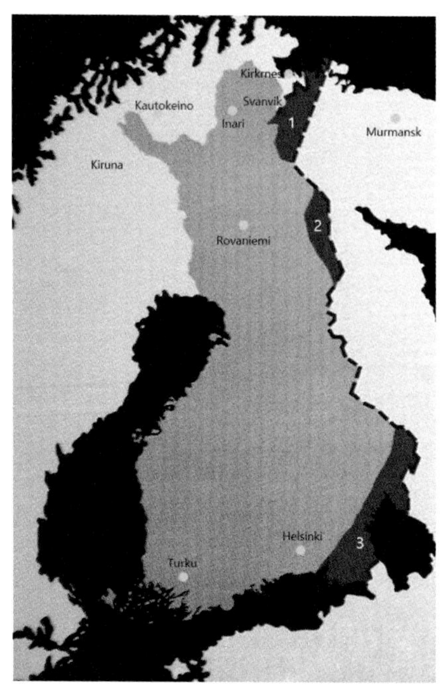

◀ 붉은색으로 표시된 지역은 러시아와의 두 차례 전쟁 후 빼앗긴 핀란드 영토들이다.

시아로 상당량의 물량을 지속적으로 수출했다. 노키아를 비롯한 핀란드 산업은 경제적 이익뿐 아니라 당시 서방 세계와 러시아와의 교량 역할까지 도맡게 되면서 엄청난 이익을 얻게 되었다.

한편, 핀란드는 1906년 세계에서 두 번째로 여성에게 참정권을 부여한 국가다. 이를 통해 유능한 여성 인력을 사회자본으로 활용해 사회 통합과 발전에 기여하게 했다. 핀란드 여성의 사회 진출은 지금까지도 세계 최고 수준이다. 이미 여성 대통령인 타르야 할로넨을 배출했을 뿐 아니라 헬싱키 시의회 의원 60명 중 절반이 여성이다.

이처럼 악조건 속에서도 좌우 이념 갈등을 극복하고, 투명하고 공정한 경쟁력을 바탕으로 양성 평등과 사회 통합을 이루어냄으로써 핀란드는 선진국으로서의 면모를 갖출 수 있었다. 더구나 오랜 식민 지배에도 불구하고 짧은 기간에 자주 독립의 성과를 이루어냈다.

핀란드를 통해 이념의 분단보다 국민 공통의 안정과 발전이라는 명제가 더 중요하다는 것을 다시 알 수 있었다. 핀란드 국민 모두가 힘을 합쳐 짧은 시간 동안 위대한 승리와 통합을 이루어낸 것은 우리에게 커다란 귀감이 된다. 강한 국가가 되는 길, 독립국가로 가는 길이 어떠해야 하는지를 핀란드가 우리에게 보여주고 있다.

핀란드 민족 설화 '칼레발라'

칼레발라의 등장

핀란드 민족 설화 「칼레발라Kalevala」는 핀란드 동쪽 카리알라 지방에서 구전으로 전해오던 이야기들을 집대성한 것이다. 오랜 기간 스웨덴과 러시아의 지배를 받았던 핀란드에서는 그간 전승되어 오던 민족 설화가 사라질 위기였다. 그러던 차에 1835년에 엘리아스 뢴로트가 32편으로 정리한 「칼레발라」를 발표한다. 그 후 1849년, 또 다시 50여 개의 서사시로 보완해 지금의 「칼레발라」를 펴낸다. 그리고 이듬해 「칼레발라」는 핀란드의 정식 민족 설화로 선포된다.

「칼레발라」는 인간 세상의 창조 설화와 영웅들의 위업을 주요 내용으로 하고 있다. 이야기는 당시 식민 지배를 받던 핀란드에 그들의 왕이 나타나 독립된 핀란드를 세우기를 고대하면서 끝을 맺는다. 여기에 등장하는 대부분의 신과 요정들은 핀란드의 자연 세계, 특히 핀란드의 울창한 숲과 차갑고 추운 북해를 상징한다. 예를 들어 숲의 신 타피오는 가족이 모두 숲의 신이며, 사람들은 숲에서 사냥을 잘하기 위해 이 신을 숭배했을 것이라고 상상해도 무방할 정도다.

「칼레발라」의 내용이 얼마나 정확하고 신빙성이 있는가를 따지는 일은 별 의미가 없어 보인다. 신화의 특성상 얼마든지 변형이 가능하기 때문이다. 더구나 당시 격동하던 핀란드의 역사적 환경을 참작한다면 오히려 「칼레발라」에 등장하는 절대 신의 위상이나 지위까지도 변화의 소용돌이 속에서 변형되었을 것으로 감안해야 할 것이다.

칼레발라의 특징

「칼레발라」를 이해하기 위해서는 먼저 몇 가지 사항들을 살펴볼 필요가 있다. 첫째, 「칼레발라」에는 그리스로마 신화나 북유럽 신화 속에 등장하는 주요 무대, 즉 신들의 전당이 없다. 올림포스나 아스가르드처럼 제한적 공간에서 세상을 좌지우지하는 것이 아니라 신들과 인간, 그리고 난쟁이나 거인들이 모두 한 공간에서 함께 산다.

둘째, 「칼레발라」에 등장하는 신과 인간, 그리고 악마나 거인 등의 출연진은 대개 동등한 관계에서 대립과 갈등 관계를 맺으며 지낸다. 신이라고 해서 절대적인 우위에 있다고 보기 어렵고, 악마나 요정이라고 해서 무조건적으로 신에게 복종하지 않는다. 소위 인격체를 지닌 각각의 인간들처럼 대부분 대등한 관계에서 이야기가 전개되는 게 특징이다.

셋째, 「칼레발라」에 등장하는 신들은 다른 신화 속 신들과는 달리 영원한 삶 대신 인간처럼 죽음을 맞이한다. 대표적으로 「칼레발라」의 주인공격인 용사 레민케이넨이나 베이네뫼이넨이 쫓아다니던 여인 아이노의 경우 결국에는 죽음을 맞으며 「칼레발라」에서 퇴장하게 된다. 「칼레발라」에서 누군가의 죽음은 단지 죽음 그 자체로 끝나는 게 아니라 다른 삶으로의 이어짐을 의미하기도 한다. 예를 들어 레민케이넨이 죽지만 어머니의 도움으로 다시 부활하는데, 이것은 당시 식민 지배로 신음하던 핀란드인들에게 희망을 주는 의도로 볼 수 있다.

넷째, 「칼레발라」에는 그리스로마 신화나 북유럽 신화에서 흔히 볼 수 있는 강력한 전사들이 별로 등장하지 않는다. 마법사들이 등장해 마법과 주술로 문제를 해결한다. 그들의 지혜는 대개 세상을 지배하고 다스리는 수단으로써 어떻게 적용해야 하는지를 보여준다.

다섯째, 「칼레발라」는 황당한 신들의 이야기만 다루지 않는다. 보통사람들의 일상생활을 매우 자세히 묘사하고 기록하고 있다.

이상이 「칼레발라」의 주요 특징이다. 핀란드 민족 설화를 통해 핀란드인들의 삶의 방식을 이해하는 지름길이 될 수 있을 것이다.

신화의 주인공들

「칼레발라」에 등장하는 주요 인물들의 면면을 살펴보면 그 특징들을 더 잘 이해할 수 있다.

▲ 천지창조의 신 '일마타르'(왼쪽)와 일마타르의 아들이자 칼레발라의 영웅 '베이네뫼이넨'(오른쪽)

❶ 우코Ukko : 핀란드 신화의 최고 신, 선한 자와 악한 자 모두에게 숭배받는다. 그의 오른손에는 번개가 들려있는데 '번개의 신'이라고도 부른다.

❷ 일마타르Ilmatar : 천지창조의 신으로 바람의 처녀라고도 부른다. 하늘과 땅, 그리고 해와 달을 모두 창조한다. 바람과 파도와 폭풍우 치는 바다가 스쳐 지나가자 아이를 잉태하고 「칼레발라」 최고의 신 베이네뫼이넨을 낳는다.

❸ 베이네뫼이넨Vainamoinen : 최고의 신이자 칼레발라를 지배하는 자이다. 그는 어머니 일마타르가 너무 오랫동안 자신을 뱃속에 잉태한 채로 지내는 바람에 어머니 뱃속에서 스스로 기어 나온다. 그 때문에 베이네뫼이넨은 처음부터 흰수염을 휘날리는 노인의 외모를 지닌 채 태어난다. 그래서 그가 사랑하는 아이노를 비롯해 다른 어떤 여인들과도 결혼을 못한다. 그래서인지 세상

을 다스리는 일에도 집중하지 못해 자주 실수를 범하기도 한다. 톨킨의 소설 「반지의 제왕」에 등장하는 간달프의 모델이다.

❹ 일마리넨Ilmarinen : 하늘에 지붕을 얹는 최고 기술자이자 전략가. 마녀가 사는 북쪽 지방 포흐욜라의 지배자인 로우히의 딸 '무지개 처녀'를 놓고 베이네뫼이넨과 각축전을 벌여 무지개 처녀를 차지한다. 그 대가로 일마리넨은 곡식, 소금, 돈을 무한 생성하는 삼포Sampo라는 마법의 맷돌을 만들어 장모인 마녀 로우히에게 바친다.

나중에 무지개 처녀가 일마리넨의 노예에게 어이없는 죽음을 당한 후 칼레발라의 신들과 마녀 로우히는 삼포를 두고 싸움을 벌이게 된다. 그 과정에서 세 주인공은 삼포를 되찾기 위해 여행을 떠나게 된다. 결국 베이네뫼이넨이 삼포를 찾아내 도망치지만 마녀 로우히에게 발각되면서 삼포는 파괴되고 만다. 그러나 그 조각들이 바다에 흩뿌려지면서 곡물과 식물들이 풍성하게 자라게 되었다.

❺ 레민케이넨Lemminkainen : 용맹한 전사인 그는 다소 덤벙대는 난쟁이들과 함께 거인들과의 싸움을 도맡아 한다. 그는 베이네뫼이넨과 달리 여자를 좋아하며 수많은 여자들에 둘러싸여 지낸다. 그 때문에 결국 죽임을 당하게 되지만 어머니의 도움으로 다시 살아나 용맹을 떨치기도 한다.

❻ 쿨레르보Kullervo : 일마리넨의 노예인 그는 어릴 적부터 학대를 받으며 자란 탓에 성격이 삐뚤어져 있고 과격한 편이다. 대장장이 일마리넨의 부인인

무지개 처녀가 못살게 굴자 쿨레르보는 참지 못하고 결국 주인마님을 죽게 만든다. 그 때문에 마녀 로우히와 베이네뫼이넨과 일마리넨과의 전투가 벌어지게 된다.

후에 쿨레르보는 어떤 여자와 잠자리를 하는데, 그녀에 대한 출생의 비밀을 알게 되면서 비극적인 결말을 맺게 된다. 그녀는 바로 헤어져 있던 누이동생이었기 때문이다. 둘은 결국 자살로 생을 마감한다.

신의 세계에서 절대 있을 수 없는 것처럼 보이는 쿨레르보의 비극적 이야기, 이 이야기의 특징 중 하나는 바로 인간 세상의 이야기와 다르지 않다는 점이다. 바로 이런 점들로 인해「칼레발라」의 이야기는 우리에게 교훈적일 수 있는 것이다.

특히 비극적 배경을 지닌 쿨레르보는 여러 작가들에게 영감을 주고 영향을 미쳤는데, 셰익스피어의「햄릿」도 쿨레르보의 이야기와 비슷한 구성을 보이고 있다. 뿐만 아니라 핀란드의 작곡가 시벨리우스 역시 쿨레르보라는 이름을 그대로 가져와 작품을 만들었다.「반지의 제왕」을 쓴 톨킨은 기자들과의 인터뷰에서 '쿨레르보' 이야기를 읽고 그의 내면에 깃든 슬픔을「반지의 제왕」에 반영하게 되었다고 소감을 밝힌 바 있다.

❼ 아이노Aino : 칼레발라의 주인공인 베이네뫼이넨에게 정면으로 도전한 인물인 요우카하이넨은 싸움에서 지게 되자 여동생인 아이노를 바치겠다고 한다. 그래서 베이네뫼이넨이 아이노에게 구애를 펼치게 되는데, 그는 태생적으로 흰수염을 휘날리며 노인처럼 보이는 무서운 외모이기에 아이노는 언제

▲ 베이네뫼이넨을 피해 도망가는 아이노. 결국 물에 빠져 물고기가 되고 말았다.

나 그를 피해 도망 다녔다.

베이네뫼이넨의 끈질긴 구애에도 불구하고 베이네뫼이넨과 결혼하지 않겠다는 아이노는 결국 바다에 빠져 죽음을 택하고 만다. 그러나 순정파인 베이네뫼이넨은 죽은 그녀의 시신이라도 찾을 욕심에 바다의 끝까지 가서 그녀를 찾아내고 만다. 결국 그녀를 다시 만나게 되지만 그녀는 끝까지 그를 기피한다. 순수와 감성의 여인 아이노, 그녀는 뭇 남성들의 애간장을 녹이는 순수함의 표상으로 그려지지만 결국 아무도 그녀를 차지하지 못했다.

❽ 로우히Louhi : 「칼레발라」의 주요 무대 중 한 곳인 포흐욜라에는 마녀가 산다. 포흐욜라는 핀란드 말로 북쪽이란 의미로 핀란드의 최북단 지역인 라플

란드를 의미한다. 포호욜라는 달과 태양이 없는 나라로도 묘사되는데(겨울철에는 해가 뜨지 않으니 당연히 그리 묘사할 수 있을 것이다.) 로우히는 바로 이런 저주받은 땅에 군림하는 사악한 마녀다.

그녀에게는 아름다운 딸 '무지개 처녀'가 있었다. 딸과의 결혼 조건으로 일마리넨으로부터 마법의 삼포를 받은 후 포호욜라 지역은 번영을 누리게 된다. 그러나 딸의 죽음으로 베이네뫼이넨과 본격적인 싸움을 하게 된다. 이때 로우히는 무서운 독수리로 변신하거나 칼레발라 지역에 역병을 퍼뜨려 사람들을 죽이려고 한다. 그러나 베이네뫼이넨이 병에 걸린 사람들을 사우나에 넣어 치료하자 로우히는 태양과 달을 모두 사라지게 하는 마술을 부리기도 한다.

⑨ 마르야타 Marjatta : 그녀는 결혼도 하지 않고 아기를 낳는다. 그 아기는 후에 핀란드의 왕이 된다. 여기까지만 들으면 핀란드 왕의 신성함과 신화적인 성격이 부각되는 듯하다. 그녀는 기독교의 동정녀 마리아이며, 아기는 다름 아닌 예수이다.

「칼레발라」가 편찬되던 시기에는 이미 핀란드뿐 아니라 북유럽 국가들 대부분이 기독교로 개종했고, 이들 국가의 민족 설화들은 대부분 이단으로 비치고 있었기에 기독교화되지 않으면 금기시되는 경향이 강했다. 따라서 「칼레발라」를 편찬한 엘리아스 뢴로트 역시 당시 분위기를 반영하듯, 「칼레발라」 이야기의 결말을 아기 예수가 왕이 되고 핀란드 신화 속 주인공인 베이네뫼이넨은 칼레발라를 떠나는 것으로 끝을 맺는다.

천상의 지배자 베이네뫼이넨은 이제 더 이상 칼레발라, 즉 핀란드의 지배자가 아님을 암시하고, 지상의 인간들에게 어려움이 닥치게 될 때 언젠가는 다시 돌아올 것이란 메시지를 남기고 사라짐으로써 현실적 종교와 비현실적 신화가 타협하는 다소 진부한 모습을 보여준다.

「칼레발라」에 등장하는 마지막 인물은 다름 아닌 동정녀 마르야타와 수오미(핀란드의 별칭. 호수와 늪의 나라라는 뜻)의 왕이 되는 그의 아들이다. 베르네뫼이넨이 마르야타의 아들과 지혜의 대결에서 지게 되자 선지자는 마르야타의 아들에게 '세례'를 주고 칼레발라의 왕으로 추대한다. 베이네뫼이넨이 더 이상 칼레발라의 지배자로 운신하기에는 그 권위나 지위가 합당치 않음을 알게 되고 마르야타의 아들에게 칼레발라를 맡기고 떠난다.

이처럼 「칼레발라」는 마리아 동정녀와 아기 예수라는 기독교적 인물의 알레고리로 마지막을 장식하고 있다. 이 결말은 북유럽 신화의 마지막과도 유사하다. 스칸디나비아의 다른 나라들처럼 핀란드도 건국 과정에서 이교도적인 신화 이야기가 금기시되는 것을 피하기 위한 방안으로 소위 전략적인 이야기 구성을 보여주고 있다.

「칼레발라」는 단지 핀란드의 신화로서만 존재하지 않는다. 오늘날에는 많은 작가들에게 적지 않은 영향을 주고 있다. 특히 핀란드의 시벨리우스는 러시아의 식민 지배하에서 민족혼을 불어넣기 위한 방편으로 「칼레발라」의 많은 이야기들을 그의 교향시 〈타피올라〉나 〈쿨레르보〉 같은 작품으로 만들어 내는 데 사용했다.

「반지의 제왕」으로 유명한 톨킨의 대표작 중 하나인 가상 신화 「실마릴리온」도 대표적인 예라고 할 수 있다. 「칼레발라」에서 세상을 창조하는 일마타르와 「실마릴리온」에 등장하는 일루바타르라는 창조 신의 구성과 명칭 등이 유사하고, 「반지의 제왕」에 등장하는 '절대반지'의 모티브는 다름 아닌 「칼레발라」의 '삼포' 이야기를 바탕으로 하고 있다.

「칼레발라」의 이야기들은 핀란드인의 삶과 역사, 문화라고 보아도 크게 틀리지 않는다. 「칼레발라」를 읽다 보면 새삼 핀란드의 역사와 핀란드인의 문화적 특성들이 느껴진다. 또 〈핀란디아〉라는 색다른 세계에 깊숙이 빠져들어 판타지라는 또다른 세계로 서서히 들어가는 기분 좋은 착각을 경험하게 된다.

Tip

헬싱키 아테네움 박물관

여행을 하다 보면 자투리 시간이 있기 마련이다. 그럴 때는 가능한 박물관을 찾아 작품 감상을 해보는 것이 좋다.
헬싱키에서는 기차역 바로 앞에 있는 아테네움 박물관Ateneum museum을 권한다. 핀란드 건국 신화 「칼레발라」에 관련된 회화와 조각 작품이 있어 핀란드 신화를 이해하는 데 큰 도움이 된다. (입장료는 14유로)

영혼의 울림 핀란디아

핀란디아의 탄생

1899년 2월, 러시아 황제 니콜라이 2세는 핀란드 공화국의 자치권을 제한하는 '2월 선언'을 발표한다. 당시 이 조치는 핀란드 문화예술인의 반발을 불러일으켰다. 그러나 러시아는 핀란드를 러시아화하기 위해 온갖 방법을 다 동원하던 시기였다. 그해 11월, 핀란드 문화예술단체는 언론인 기금 마련을 위한 행사를 기획한다. 당시 34살의 혈기왕성한 청년 시벨리우스도 이 행사에 참여했다.

문화예술인들은 핀란드의 역사를 다룬 연극 공연을 준비한다. 모두 7개의 작품으로 구성된 〈역사적 정경〉이란 제목의 역사극이었다. 이중 여섯 번째 작품인 〈거대한 증오Great Hate〉는 러시아 정복자들의 파괴 행위와 조국 핀란드를 눈보라 속에서 추위에 떨고 있는 아이들의 모습으로 묘사했다. 핀란드인들이 얼마나 전쟁과 기아, 죽음의 위협을 받고 있는지를 작품으로 보여주었다.

청년 시벨리우스는 마지막 일곱 번째 작품에 사용되는 음악을 작곡하면서

〈수오미여 일어나라Suomi herää〉라는 제목을 붙였다. 시벨리우스가 작곡한 부분은 각 장면을 위한 전주곡과 대사의 배경을 위한 반주곡, 피날레 부분이었다. 그는 이를 바탕으로 이후에 〈역사적 정경Op.26〉과 교향시 〈핀란디아〉를 만든다.

당시 러시아의 지배하에 있던 핀란드 문화인들의 이런 행사는 국민들의 저항의식 고취와 독립운동의 일환으로 진행된 것이었다. 특히 시벨리우스가 택한 음악적 기여는 실로 엄청난 파급 효과를 몰고 왔다.

스웨덴과 러시아의 지배를 받으며 오랜 시간 독립된 국가를 갖지 못한 핀란드 사람들. 그들에게 민족의식을 고취시킨 〈수오미여 일어나라〉가 바로 〈핀란디아〉의 초기 버전이다. 지금은 이 작품 속에 담긴 열렬한 애국심을 금방 감지할 수가 있지만, 처음에 곡을 발표할 당시에는 청중이나 비평가도 곡

▲ 헬싱키 공원에 설치된 시벨리우스 흉상

의 의미를 잘 몰랐던 것 같다고 시벨리우스 연구가 칼 에크만은 밝히고 있다.

이 행사가 있은 후 핀란드 국민음악파인 로베르트 카야누스는 헬싱키 필하모닉 오케스트라를 지휘할 때마다 시벨리우스의 표제 음악 중 좋은 곡들을 골라 연주했다. 특히 모음곡의 피날레 부분을 유럽 순회공연에서 빼놓지 않고 연주했다. 이때부터 이 곡은 유럽 전역을 통해 해외로 퍼져나가게 된다.

1900년에 시벨리우스가 피날레 부분을 피아노 독주용으로 편곡하고, 이 곡에 시벨리우스의 친구이자 역사학자인 악셀 카르펠란이 〈핀란디아〉라는 이름을 붙였다. 그 후 시벨리우스는 작품을 정리해 〈핀란디아〉의 정식 개정판을 냈다. 드디어 파리에서 헬싱키 필하모닉이 〈핀란디아〉를 초연했다.

교향시 〈핀란디아〉

오 핀란드여, 이제 너의 새벽이 밝아온다.
빛과 함께 어둠은 지나가고 공포는 사라졌으니
찬란한 아침 속에 종달새는 다시 노래하네
저 높은 천상의 대기로 충만해
아침 해는 이글거리고 밤의 어둠은 사라졌으니 너의 날이 온다.
오 나의 조국이여, 핀란드여, 일어나 미래를 향해 당당히 서라.
너의 자랑스러운 과거는 다시 기억되리니
핀란드여, 아름다운 이마에서 굴종의 흔적을 떨쳐내라
압제자의 지배에도 무너지지 않았으니
너의 아침이 오리라, 나의 조국아

–베이코 코스켄니에미, 〈피란디아 찬가〉 가사

▲ 금방이라도 〈핀란디아〉가 울려 퍼질 것 같은 헬싱키 공원의 파이프오르간 조형물

1900년 7월, 파리 만국 박람회에서 로베르트 카야누스는 헬싱키 필하모닉 오케스트라를 이끌고 〈핀란디아〉를 연주한다. 〈핀란디아〉는 세계 각국의 관계자들에게 호평을 받았다.

노래는 점차 핀란드 국민들의 지지를 받게 된다. 그리고 이 사실을 알게 된 러시아 정부는 핀란드에서의 〈핀란디아〉 연주를 금지시켰다. 뿐만 아니라 작품의 제목인 핀란디아라는 이름 자체를 사용하지 못하도록 했다. 핀란디아라는 이름으로 연주회를 할 수 없게 되자 검열을 피하기 위해 한동안 〈즉흥곡〉이나 다른 이름으로 공연을 했다. 예를 들면, 〈핀란드에 봄이 찾아올 때의 행복한 기분〉, 또는 〈스칸디나비아의 코랄 행진곡〉 등으로 속이기도 했지만, 핀란드 사람들은 곧 중간에 나오는 장중한 코랄풍 선율이 〈핀란디아〉임을 금방 알아차렸고 그것을 조국의 독립을 위한 촉매제로 생각했다.

오늘날 핀란드에서 애국가처럼 불리는 〈핀란디아 찬가〉는 핀란드의 시인 베이코 코스켄니에미가 시벨리우스의 〈핀란디아〉 교향시 중간의 선율에 시를 써넣어 만든 합창곡이다. 핀란드 국민들은 아직도 시벨리우스를 국민 음악가로 칭송하며, 〈핀란디아〉를 제2의 국가처럼 사랑하고 있다.

굴종의 역사를 넘어서

핀란드는 우랄 지역에서 기원한 아시아계 핀족이 중심을 이루고 있다. 핀족이 러시아 지역에서 지금의 핀란드 동부 지역으로 이주해 왔을 때 그들은 스웨덴 세력의 견제를 받아 밀려났다. 그래서 지금의 핀란드 지역과 발트 해 등지로 흩어져 정착했다.

1155년부터 1809년까지 스웨덴 지배 아래 놓인 핀란드. 12세기 중엽 독일, 덴마크, 스웨덴의 북방 선교 경쟁이 활발할 때 스웨덴 국왕 에리크 9세와 웁살라 주교 헨리의 선교 원정대가 핀란드 남·서부 지역에 포교 근거지를 마련하고 세력을 확장하기 시작했다. 제3차 선교 원정대가 당도한 13세기 말에는 핀란드 지역 대부분이 스웨덴 지배하에 들어가게 된다.

1809년 러시아 자치 공국으로 지위가 변경되기 전까지 핀란드는 스웨덴 왕국의 일부로 존속했다. 스웨덴에 편입됨과 동시에 기독교라는 신흥 종교의 유입으로 핀란드는 중세 유럽 문화권에 본격적으로 편입하게 되었다. 그 후 108년간 제정 러시아의 지배 아래 놓이게 된 핀란드는 1917년 12월 6일

▲ 1971년 핀란드 출신 건축가 알바 알토가 설계한 시벨리우스 음악당 건물

러시아의 10월 혁명을 틈타 독립하게 된다. 〈핀란디아〉는 1899년 시벨리우스가 작곡한 이후 116년이 지난 지금까지도 핀란드 사람들에게 애국심의 표상으로 사랑을 받고 있다. 이는 핀란드 사람들을 일깨워 행동하게 해주었을 뿐 아니라 독립의 의지를 확고히 다지게 해준 작품이기 때문이다. 그 어떤 뛰어난 연설문보다 강력한 힘과 영향력을 가진 교향시 〈핀란디아〉. 러시아의 압정에 시달리며 신음했던 핀란드 국민들에게 시벨리우스 음악은 큰 용기이자 내일의 희망이었을 것이다.

시벨리우스의 고향,
하멘린나

하멘린나로
가는 길

헬싱키에서 기차로 한 시간 정도 북쪽으로 올라가면 시벨리우스가 태어난 하멘린나[Hämeenlinna]가 나온다. 이곳에는 그를 기념하는 박물관으로 사용하고 있는 시벨리우스 생가가 있다. 이미 해가 떴음직한 시각이건만 헬싱키의 1월은 한밤중처럼 어둡다. 예정된 시각에 기차는 헬싱키 중앙역을 벗어나 하멘린나로 향했다. 시벨리우스 생가로 가는 길은 꽁꽁 얼어 있었고, 간혹 눈발까지 날렸다.

아버지는 핀란드 출신 군의관, 어머니는 스웨덴 출신이었던 시벨리우스. 그가 2살이 되던 해에 아버지가 돌아가시자 어머니는 시벨리우스에게 피아노와 작곡을 가르쳤다. 1865년 시벨리우스는 헬싱키 대학에 입학하기 위해 고향 하멘린나를 떠난다. 당시 시벨리우스의 어머니는 그가 음악가보다는 법관이 되기를 바랐다고 한다. 그래서 처음엔 음대가 아닌 법대에 입학했다.

그는 법대에 입학하자마자 헬싱키 음악원에 입학해 바이올린과 작곡을 배웠다. 결국 법대는 중퇴를 한다.

1889년, 음악원을 졸업하고 독일로 유학을 떠난 시벨리우스. 독일에서 바그너를 만났지만 그의 음악에 적응하지 못하고 다시 비엔나로 떠났다. 그곳에서 그는 존경하는 브람스를 만나 제자가 되었다.

1892년, 고국으로 돌아온 시벨리우스는 헬싱키 음악원 교수로 취임하고 아이노와 결혼한다. 같은 해에 핀란드 신화 「칼레발라」에 등장하는 쿨레르보를 모티브로 교향곡을 만들어 공연을 했다. 그 후 교향시 〈엔 사가〉, 〈카렐리아 모음곡〉, 〈네 개의 전설〉을 연이어 발표한다. 이 작품들 모두 「칼레발라」 이야기를 주제로 한 것들이다. 1899년, 교향시 〈핀란디아〉를 발표하자 당시 러시아의 지배하에 있던 핀란드 국민들은 그를 핀란드 영웅으로 떠받들었다. 30대 중반에 이미 핀란드의 영웅이 된 것이다.

하멘린나 공원의 시벨리우스

어느새 기차가 하멘린나에 도착했다. 역에서 나와 시벨리우스 생가 방향으로 길을 잡았다. 하멘린나에는 도시를 가로지르는 커다란 바나야베시 호수가 있다. 이 호수에서 다리를 건너면 시내로 들어가게 된다. 시내 초입에 공원이 있고 한쪽에 헬싱키 성당을 닮은 교회가 나타난다.

교회 앞 공터를 가로질러 조금만 더 가면 바로 시벨리우스 생가다. 생가 부근에는 커다란 건물들로 빼곡히 들어차 있는데 이곳만 옛날 모습 그대로

▲ 시벨리우스가 〈핀란디아〉를 구상했다고 알려진 하멘린나 고성.
시벨리우스가 어릴 때 숨바꼭질을 하며 놀았다고 한다.

남아있다. 하멘린나 시가 생가를 인수해 훼손하지 않고 잘 관리하고 있었던 덕분이다. 시벨리우스 생가는 개방 시각이 동절기와 하절기가 다른데, 동절기에는 12시가 되어야 문을 연다.

하는 수 없이 12시까지 기다리기로 하고, 인근에 있는 하멘린나 고성을 보기로 했다. 시벨리우스가 어렸을 적 숨바꼭질을 하며 놀았다는 고성은 생가에서 그리 멀지 않은 곳에 있었다. 그곳까지 가는 중간 중간에 벌판과 자작나무 숲이 나타났다. 시벨리우스도 매일 이 길을 걷지 않았을까 하는 생각을 하며 걸었다. 벌판에서는 새와 나무, 그리고 바람까지 겨울의 소리를 만들어내고 있었다.

고성은 바나야베시 호수가 내려다보이는 언덕 위에 있었다. 1300년대를 전후해 지은 성은 당시 이곳을 지나는 상선들을 감시하고 통제하는 요새였다. 시벨리우스는 바로 여기서 바나야베시 호수를 내려다보면서 〈핀란디아〉를 구상했다고 한다.

다시 시내로 발걸음을 옮기는데 시벨리우스 공원이란 팻말이 눈에 들어온다. 공원으로 들어서니 어디선가 〈핀란디아〉 피아노곡이 들린다. 폴란드 바르샤바에서도 그랬다. 바르샤바 사회과학원 앞에 있는 벤치 한쪽에 단추가 설치되어 있었는데, 단추를 누르면 쇼팽 음악이 흘러나왔다. 또다른 거리에는 쇼팽의 피아노를 연상시키는 조형물이 설치되어 있었고 그 곁으로 가면 센서가 감지하고 쇼팽 음악을 들려주었다.

벤치에 앉으니 음악이 나온다. 아마 일정한 거리에 접근하면 센서가 작동하는 모양이다. 잠시 눈 덮인 의자를 쓸어내고 앉아 〈핀란디아〉를 들었다.

시벨리우스 생가를 방문하기 전 그의 음악을 들으며, 그가 만든 음악과 그가 살던 시대, 그리고 그가 음악으로 표현하려 했던 세상에 대해 잠시 생각해 본다. 10여 분 간의 연주가 끝나고 시계를 보니 12시가 거의 다 되었다. 다시 생가로 발길을 옮겼다.

시벨리우스 생가

시벨리우스 생가에서 누군가 연주를 하는지 피아노곡이

들린다. 문은 12시 정각에 열렸다. 문을 열고 들어서니 관리인인 듯한 사람이 지금 누군가 피아노 연주 중이라며 주의를 당부한다. 시벨리우스 생가에서 그의 음악을 들을 수 있으면 좋겠다는 생각을 하고 왔는데, 대박이다. 나이 듬직한 여성이 눈을 지그시 감고 연주하는 모습에서 시벨리우스의 모습이 겹쳐진다. 분명 동방의 끝에서 온 나를 환영하기 위해 그가 복을 내려준 것이리라.

급하지 않으면서 때로는 격하게, 때로는 평온하게 그려지는 피아노 선율이 집 안을 가득 채우고 있었다. 여행을 하면서 이렇게 기분 좋은 순간도 별로 없을 듯싶다. 마치 나만을 위한 연주회처럼 느껴졌다. 마음속으로 고맙다는 인사와 박수를 보내자 고맙게도 연주자는 시벨리우스의 다른 피아노 소품

▲ 하멘린나의 시벨리우스 생가. 기차역에서 내려 바나야베시 호수를 건너 20분 정도 가면 나온다.

▲ 시벨리우스가 사용하던 바이올린과 피아노.
운이 좋으면 연주를 들을 수 있다

▲ 시벨리우스가 태어난 방과 아기 요람

몇 곡을 계속 연주한다. 30여 분을 그렇게 피아노 연주에 빠져있다 간신히 그곳을 나올 수 있었다.

그리고는 시벨리우스가 말년을 보낸 야르벤파로 향했다. 이번에는 또 어떤 감동이 나를 기다리고 있을까. 부푼 기대를 안고 하멘린나 기차역으로 발걸음을 재촉했다.

시벨리우스의 마지막 보금자리, 아이놀라

1904년, 39살의 시벨리우스는 헬싱키 생활에 종지부를 찍고 그토록 동경하던 자연 속 생활을 결행한다. 그래서 헬싱키에서 북쪽으로 40여 킬로미터 떨어져 있는 야르벤파[Järvenpää]에 집을 짓고 그곳에서 50여

년을 보냈다. 시벨리우스는 이 집을 '아이놀라'라고 불렀다.

아이놀라[Ainola]는 '아이노의 집'이라는 뜻으로 아이노는 시벨리우스 아내의 이름인 동시에 핀란드 서사시 「칼레발라」에 나오는 아름다운 처녀의 이름이기도 하다.

시벨리우스의 아내 아이노는 핀란드 명문가 예르네펠트 가문의 딸로 그녀의 네 형제들 모두 핀란드 예술가로 유명세를 떨쳤다. 장남 카스퍼와 차남 에노는 화가였고, 셋째 아르마스는 오케스트라 지휘자 겸 작곡가, 막내 아르비드도 작가였다.

금세기 초반 핀란드의 유명한 작가나 시인, 화가들이 야르벤파 인근에 있는 투술라[Tuusula] 호수 근처에 많이 몰려와 살았다. 시벨리우스도 처남인 화가 에노 예르네펠트의 권유로 이곳으로 왔다고 한다. 이 집은 시벨리우스의 친구인 라르스 손크가 설계했다. 그는 헬싱키의 칼리오 교회와 탐페레 성당 등을 설계한 당대의 유명한 건축가였다.

아이놀라에서 꾸준히 〈교향곡 3, 4번〉〈현악 사중주 D단조〉 등을 작곡한 시벨리우스는 영국, 미국 등으로 연주 여행을 다니며 전 세계에 이름을 알렸다. 핀란드 독립 후 시벨리우스는 1923년에 〈교향곡 6, 7〉번을 잇달아 완성했다. 특히 7번은 기존의 교향곡 형식에서 탈피한 시벨리우스만의 독창적 형식으로 만들어 걸작이란 평가를 받았다.

시벨리우스는 핀라드의 우거진 숲을 음악으로 그려내는 것을 즐겼다. 그의 음악 노트에는 "북쪽 나라에 널리 퍼져있는 어두컴컴한 숲, 신비로움을 간직한 황폐한 꿈, 위대한 산림의 신이 그곳에 사네. 그 어둠 속에는 산림의

▲ 시벨리우스가 39살부터 살았던 야르벤파의 집 '아이놀라'

요정들이 신비를 이룬다."라고 적혀있다.

1957년 92세로 숨을 거둔 시벨리우스. 그의 아내 아이노 시벨리우스는 그가 죽은 후 12년을 더 살다 98세에 남편 곁으로 떠났다. 시벨리우스가 죽자 그의 장례는 핀란드 전 국민의 애도 속에 국장으로 치러졌다. 그의 유해는 아이놀라의 뜰에 묻혔다. 그의 아내도 죽은 후 시벨리우스 곁에 묻혔다.

아이놀라에 딸린 숲은 4헥타르나 된다. 아이놀라에 들어서면 입구에 사무실 겸 안내소가 있고 그 옆에 집으로 올라가는 길이 있다. 그 길을 따라 잠시 오르면 언덕 위에 목조로 된 하얀 집이 한 채 보인다. 근처 야산에서 뻗어내린 언덕에 시벨리우스가 거처하던 전망 좋은 집이다. 이 집에서 내려다보

▲ 아이놀라 거실에서 시벨리우스는 아내 아이노를 위해 피아노를 쳤다.
그들이 떠난 지금도 그때 모습 그대로 보존되어 있었다.

면 멀리 투술라 호수가 보인다. 집 옆으로 난 길을 따라 조금만 내려서면 작은 공터가 나오는데, 그곳에 시벨리우스와 아이노의 무덤이 있다. 자연을 사랑했던 시벨리우스는 호수가 내려다보이는 숲 속 언덕 한편에서 조용히 쉬고 있었다.

Tip

헬싱키에서 아이놀라까지 가는 방법

시벨리우스의 집인 '아이놀라'로 가려면 먼저 헬싱키에서 기차를 타고 야르벤파까지 가야 한다. 야르벤파 역 앞에서 아이놀라로 가는 버스로 갈아타거나, 30분 이상 걸어가면 시벨리우스의 집에 도착할 수 있다.

핀란드의 옛 수도,
투르쿠

시벨리우스를
쫓아서

이른 아침 투르쿠Turku로 가는 기차를 타기 위해 헬싱키 숙소를 나섰다. 한 인간이 어떻게 국가의 안위에 영향을 미치고 정신적 지주 역할을 하는지 그 면면을 들여다보면 볼수록 신기한 생각이 든다. 시벨리우스가 그랬다. 그가 가진 잠재적 능력은 그가 숨을 거둔 후에도 핀란드 사람들에게 저력으로 작용되었다. 나는 그의 행적과 흔적을 쫓기 위해 투르쿠에 있는 시벨리우스 박물관으로 향했다.

핀란드의 수도는 헬싱키다. 그러나 헬싱키가 처음부터 수도는 아니었다. 1155년부터 1809년까지, 654년간 스웨덴의 지배하에 있었던 핀란드는 1323년 스웨덴과 평화 조약을 체결하고 두 나라의 국경을 확정했다. 투르쿠에 스웨덴 군대가 머물 숙소와 핀란드 총독이 머물 성도 지었다. 스웨덴 국왕의 별궁이 지어졌고, 독일 상인들이 투르쿠에 몰려들면서 한자동맹 세력을 확대해 가고 있었다.

투르쿠 필하모니 오케스트라 창립 75주년 ▶ 기념 음악회 포스터. 귀여운 아기 얼굴의 콧수염은 시벨리우스의 상징이다.

스웨덴은 핀란드를 기독교로 개종시키고 투르쿠 대성당을 지었다. 그렇게 스웨덴은 핀란드의 수도 투르쿠를 확실히 장악해 나가기 시작했다. 스웨덴이 핀란드에 공국의 지위를 부여하면서 핀란드는 본격적으로 유럽에 편입되었다. 스웨덴의 전초기지가 된 투르쿠. 스웨덴의 이러한 전략적 정책은 지배가 끝나는 1809년까지 계속되었다.

그러나 긴 식민 통치도 막을 내리게 된다. 스웨덴이 러시아와의 전쟁에 패하면서 그 권한을 러시아에 넘겨주어야 했기 때문이다. 그리고 전쟁에서 승리한 러시아 황제 알렉산드르 1세Aleksandr I, 1777~1825는 1812년 핀란드의 수도를

▲투르쿠에서 가장 오래된 건물인 투르쿠 대성당. 14세기에 착공해 200년 후 완공되었다.

스웨덴과 가까이 있었던 투르쿠에서 헬싱키로 옮겼다. 러시아와 가까운 헬싱키가 통치하기 쉬웠기 때문이었다.

1827년에 투르쿠에는 원인 모를 화재가 발생했다. 화재로 도시 대부분은 불에 탔다. 중세 시대에 화강암으로 지은 건물조차 그 흔적을 찾기 어려울 정도로 불길은 거셌다고 한다. 화마는 투르쿠의 모든 것을 빼앗았다. 수도는 헬싱키로 옮겨졌지만 핀란드의 오랜 역사가 담긴 문화유산은 사라지고 말았다.

그래서인지 투르쿠는 예전의 수도라는 이름에 걸맞지 않게 작고 소담스럽다. 다만 650년 동안 스웨덴의 지배를 받은 탓에 스웨덴다운 모습을 곳곳에서 발견할 수 있다. 다행히 1640년 핀란드 최초로 설립한 투르쿠 대학은 남아있다. 덕분에 도시는 활기가 넘친다. 대학생들이 도시를 살리고 있는 느낌이 들었다.

투르쿠의 시벨리우스 박물관

투르쿠에 있는 시벨리우스 박물관을 찾아가면서 한 가지 궁금한 게 있었다. 헬싱키에 있어야 할 시벨리우스 박물관이 왜 투르쿠에 있는 것일까. 나중에 알게 된 사실이지만 이건 순전히 시벨리우스의 친구 덕분이었다.

시벨리우스의 친구인 카르펠란은 1930년대 초반부터 시벨리우스에 관한 자료들을 모으기 시작했다. 원고, 편지, 사진, 프로그램, 인쇄된 악보, 시벨리우스와 관련된 신문 기사와 각종 관련 문서까지. 시벨리우스와 관련된 자료라면 무엇이든 모았다. 그때 투르쿠에 짓고 있던 음악 박물관에 그가 보관하고 있던 모든 자료들이 모이게 되었다. 그 후 음악 박물관에 어울리는 이름을 붙이는 과정에서 이름을 변경하는 권한이 주어지자 그는 주저하지 않고 '시벨리우스 박물관'이란 이름을 붙였다.

투르쿠에 시벨리우스 박물관이 건립될 당시 시벨리우스는 별다른 작품 활동을 하고 있지 않았다. 거의 대부분의 시간을 야르벤파에서 보내고 있었던 그는 음악 박물관에 전시할 자료 상당수가 자신과 관련된 것이리, 그로서는 박물관 건립에 동의하지 않을 이유가 없었을 것이다. 실제 이 박물관의 가장

▲ 투르쿠에 있는 시벨리우스 박물관.
시벨리우스의 친구였던 역사학자 바론 악셀 카르펠란의 애정이 느껴지는 곳이다.

중요한 보물이 바로 시벨리우스의 악보들이다.

박물관에 도착하니, 아뿔사! 이번에도 우려했던 일이 벌어지고 말았다. 그날이 1월 25일이었는데, 1월 5일부터 28일까지 문을 닫고 29일부터 새롭게 문을 열 예정이라는 것이다. 겨울철 비수기라 그런지 일정 기간 동안 문을 닫고 내부 수리와 재정리를 한다고 한다. 시벨리우스 박물관 홈페이지www.sibeliusmuseum.abo.fi를 검색해 보지 않고 온 게 잘못이었다.

발길을 돌리려니 한심하다는 듯 진눈깨비가 마구 흩날린다. 일단 근처의 투르쿠 성당으로 발길을 돌렸다. 투르쿠 성당은 투르쿠가 핀란드의 수도이던 시절부터 오랜 기간 핀란드를 대표하는 건축물이다. 그러나 예배가 시작되어야 할 시각이 다가오자 입구에서 안내하는 사람들이 눈총을 준다. 교회 내부 사진을 하나 찍고 나오는 것도 눈치를 봐야 했다.

투르쿠까지 와서 시벨리우스를 만나지 못해 아쉽기 그지없지만, 어쨌거나 시벨리우스를 쫓는 작업은 거의 끝난 셈인가 보다. 진눈깨비는 왜 그리도 내리는지, 조금은 날씨가 야속 했다.

신화 속 트롤과 무민

문득 투르쿠에 있다는 무민 테마파크가 떠올랐다. 고대사 박물관 관람을 대충 마무리하고 입구에서 안내하는 사람에게 무민 테마파크에 대해 간단히 들을 수 있었다. 얼마 전에 신년 축하 프로그램이 있어 잠시 개장했지만 정식 개장은 여름이 되어야 한단다. 겨울에는 문을 닫는다고 하니 혹시라도 무민 테마파크를 방문할 계획이 있다면 꼭 무민월드 홈페이지 www.muumimaailma.fi를 참고해서 일정을 잡아야 할 것이다.

굳이 여기에서 무민을 떠올리는 이유는 무민 캐릭터가 핀란드 신화에 나오는 트롤에서 탄생했기 때문이다. 「칼레발라」에 등장하는 난쟁이 중에는 어여쁜 요정들도 있지만 괴물 같은 요정들도 있다. 거인 같은 요정들은 요정이라기보다는 그냥 정령들이라고 하는 편이 나을 것 같다.

무민을 창조한 작가 토베 얀손은 스웨덴계라 핀란드 신화보다는 북유럽 신화에 등장하는 트롤을 무민의 모델로 한 것인 듯싶다. 털북숭이 같은 트롤은 사실 북유럽 신화에서는 못된 성격의 캐릭터로 등장한다. 그런데 무민은 하마

▲ 무민을 브랜드로 사용한 사탕, 커피, 인형들

처럼 귀여운 모습이다. 처음에 무민이 세상에 나왔을 때 많은 사람들은 핀란드가 아닌 스웨덴의 무민이라고 생각했다고 한다. 이는 작가가 핀란드어가 아닌 스웨덴어로 책을 발표했기 때문이다. 이 책은 한참 후에야 핀란드어로 번역되었다.

이제는 핀란드 사람들도 무민이 핀란드 캐릭터임을 알게 되었고 전략적으로 무민을 핀란드 대표 캐릭터로 사용하고 있다. 심지어 거의 모든 소비재에 무민 캐릭터를 덧씌우고 무민이란 이름으로 도배할 정도다. 무민이 처음부터 핀란드 캐릭터였던 것처럼 말이다. 어쩌면 그게 독립된 국가의 위상 덕분인지도 모르겠지만 말이다.

로바니에미의 '산타' 마케팅

산타 마을을 찾아서

라플란드로 올라가는 시작 지점에 로바니에미라는 도시가 있다. 북극권 시작 지점인 북위 66도 33분보다 약간 아래인 남쪽 6km 지점에 자리한 곳이다. 이 도시가 사람들의 관심을 끌게 된 것은 이곳이 바로 산타 마을이기 때문이다.

로바니에미(Rovaniemi)에서 로바(Rova)는 사미어 '로브(roavve)'에서 비롯된 말로, 숲이 우거진 산등성이 또는 언덕이나 오래된 산불이 있는 곳을 의미한다. 또한 남부 사미 방언에서 로바는 돌더미, 급류의 암석 또는 암석 덩어리 등을 의미하기도 한다. 이를 종합하면 로바니에미는 숲이 우거지고 암석이 많은 지역이라고 할 수 있겠다. 실제로 로바니에미 인근에는 우거진 숲과 도시를 가로지르는 케미요키 강이 흐르고 있어 강변에서 적지 않은 암석들을 볼 수 있다.

▲ 로바니에미 산타 마을 전경. 고속도로 휴게소에 산타 마을을 조성했다.

무엇보다 로바니에미를 상징하는 것은 '산타'다. 1950년부터 '산타 마을'을 조성했다고 한다. 덕분에 로바니에미의 산타클로스는 연중 60만 통 이상의 편지를 받고 4만 통 이상 답장을 써 보낼 정도로 바쁘다. 그러다 보니 세계적으로 로바니에미의 산타가 공식 산타인 것처럼 되어버렸고 전 세계 어디에서나 주소를 쓰지 않고 산타에게 편지를 보내면 바로 이곳, 로바니에미에 있는 산타에게 편지가 전달된다고 한다.

그러니 산타를 만나고 싶은 사람들이라면 누구나 로바니에미에 오고 싶어 할 것이다. 어린아이처럼 순수하고 때 묻지 않은 동심의 세계로 돌아가 산타와 함께 산타 마을에서 즐거운 추억을 쌓을 수 있다면, 이보다 더 좋은 여행은 없을 것이다.

▲ 로바니에미에서는 전통 복장을 한 원주민 사미인이 산타 도우미 역할을 하는 모습을 볼 수 있다.

그런 동심의 세계를 탓하려는 건 아니지만, 이 모든 것이 로바니에미의 산타 마을이 만들어낸, 즉 '산타 마케팅'을 통해 이루어진 '엔터테인먼트 산업'이라는 사실을 잊지 않기를 바란다. 그래야 사미인과 핀란드인 사이의 갈등을 이해할 수 있기 때문이다.

스칸디나비아 북부 지방 라플란드가 시작되는 곳, 그 중심에 로바니에미가 버티고 있다. 이곳에는 기원전부터 사미인들이 들어와 살기 시작했지만 어느새 사미인은 핀족과 스웨덴 사람들에게 지배당하고 관광 상품의 일부로 전락해버렸다. 산타클로스 곁에는 루돌프라는 이름의 순록이 있고 그 곁에는 전통 복장을 한 원주민 사미인이 순록을 끌고 산타 도우미 역할을 하고 있다. 이러한 속내를 알기 때문에 그 모습을 보는 것이 마냥 즐겁지 만은 않다.

로바니에미의 산타 마케팅

스칸디나비아 국가들은 서로 자기네가 산타의 원조라고 주장한다. 그러나 현재 가장 선두를 달리고 있는 나라는 역시 핀란드라고 해도 과언이 아니다. 산타 마케팅을 가장 오랜 시간 치열하게 해온 덕분이다.

산타 마케팅이 가장 필요로 하는 요소는 역시 산타에 대한 전설이다. 그래야 스토리텔링을 만들 수 있기 때문이다. 핀란드의 산타 전설은 아주 단순하다. 깊은 산속 툰투리[인근 산악지방]에 사는 산타가 연말이면 세상 사람들을 만나기 위해 로바니에미에 내려와 사람들에게 선물을 주고 간다는 이야기가 전해온다고 한다. 억지로 만들어낸 이야기처럼 이게 전설의 전부라고 한다. 스칸디나비아, 특히 핀란드를 지배했던 스웨덴은 크리스마스와 관련해 더 많은 이야기와 상징 아이템을 가지고 있다. 그런데도 핀란드가 스웨덴을 제치고 산타의 종주국처럼 자리잡은 데는 이유가 있다.

1940년대 러시아와 치뤘던 두 번의 전쟁에서 패한 핀란드는 막대한 전쟁 배상금을 갚아야 했다. 이에 핀란드 정부는 나라의 어려움을 타개할 대책 중 하나로 산타 마을 조성 계획을 세웠다. 그 결과 로바니에미는 공식 산타 마을이 될 수 있었다. 산타 마케팅으로 성공한 대표적인 사례다.

현재 로바니에미에는 10명의 산타가 있다. 이들은 지역을 나누어 세계 각국을 돌며 핀란드를 홍보하고 있다. 산타라는 이름으로 핀란드 외교사절로서의 역할을 충실히 수행하고 있는 셈이다. 그뿐 아니라 산타 마케팅을 적절히 구사해 로바니에미에 원래 산타가 살았던 것처럼 이미지를 만들어 전세계인들의 호기심을 자극하고 있다.

로바니에미 산타 마을은 이런 노력 끝에 2013년 산타 관련 사업 매출액 1억 유로한화 약 1,288억 원를 달성했다. 여기에서 그치지 않고 산타의 부가가치를 더 높이기 위해 본격적인 산타 마을을 조성하고, 관광객 유치를 강화하기 위해 노력하고 있다. 이런 이유로 핀란드를 찾는 여행자들이 헬싱키보다 로바니에미를 더 가고 싶은 곳으로 생각하는지도 모르겠다.

로바니에미 산타 사무실에는 산타만 있는 게 아니라 산타의 비서 격인 엘프요정도 같이 있다. 엘프는 전 세계 어린이가 보내준 편지를 읽고 산타를 대신해 일일이 답장을 쓰고 스탬프를 찍어 보내는 일을 한다. 이제 로바니에미는 단순한 관광지를 넘어 '산타 산업'의 중심지로 자리잡았다.

그러나 산타 마케팅에서 부족한 것이 딱 한 가지 있다. 산타 마케팅을 활

▲ 관광객의 호기심을 자극하는 산타 마을 속 산타 사무실 전경.
이곳에서 산타와 함께 사진 촬영을 하기 위해서는 25유로를 내야 한다.

성화할 수 있는 상징물, 즉 캐릭터 상품이 없다는 사실이다. 현재 핀란드가 가지고 있는 아이콘은 모두 스웨덴에서 만든 것이거나 스웨덴 상징물을 복제한 모방품 수준에 불과하다. 사실 산타도 스웨덴 산타를 빌려다 놓은 것이나 마찬가지였으니 말이다. 이건 어쩌면 로바니에미가 그들만의 이야기를 기독교 신화로 치장하려는 것에서 빚어진 실수 아닌 실수라고 할 수 있을지 모르겠다.

아무튼 핀란드의 산타 산업은 오늘도 새로운 아이디어를 찾고 있을 테지만, 결국에는 다음에 소개할 스웨덴 설화와 민담에 의존하게 되지 않을까. 지금까지 그랬기에 앞으로도 그 범주에서 벗어나지 못할 것이라는 생각에 그렇다는 말이다.

오딘에서
세인트 니콜라스로

현재 터키에 속한 리키아Lycia의 항구도시 파타라Patara에서 245년경 가톨릭 주교를 지낸 성 니콜라스가 태어난다. 불우한 어린 시절을 딛고 주교가 된 성 니콜라스. 그에겐 크리스마스와 관련된 미담이 있다.

어느 날 길을 걷던 그는 3명의 딸을 둔 매우 가난한 사람을 만난다. 세 딸들이 몸을 팔아 겨우 가정을 꾸려가는 것을 보게 된 그는 자기가 지니고 있는 돈을 그들에게 주고 더 이상 그런 일을 하지 않도록 당부했다. 이후 성 니콜라스는 축제일인 12월 6일 즈음에 많은 기적을 사람들에게 선물했다고 한다. 그래서 그런지 캐나다를 포함한 유럽의 일부 지역에서는 성 니콜라스처럼 12월 25일이 아니라 12월 6일에 어린이들에게 선물을 준다고 한다.

한편, 아스가르드의 절대자 오딘 역시 산타클로스가 된 이유가 이와 비슷하다. 율이라고 하는 동지가 되면 오딘은 슬레이프니르라는 다리가 8개 달린 말을 타고 사냥에 나선다. 13세기의 시집 「에다Edda」에 실린 북유럽 신화에는 슬레이프니르를 현재 전해지는 산타의 순록 전설과 비교해 순록보다도 더 먼 거리를 뛰어넘을 수 있다고 묘사하고 있다. 이 당시 오딘은 마치 톰테처럼 길고 흰 수염을 가진 노인으로 묘사되었다.

예전 스칸디나비아에서는 크리스마스가 다가오면 아이들이 선물을 받기 위해 굴뚝 근처에 빈 장화를 매달아 두는 것이 아니라 오딘과 슬레이프니르를 위한 음식을 가득 채운 장화를 걸어두었다. 그러면 오딘은 굴뚝을 타고 내려와 음식을 먹고 대신 어린이들에게 줄 선물을 그 장화에 가득 채우고 떠났다고 한다. 이후 미국으로 이주한 유럽의 정착민들, 특히 네덜란드 사람들이 '신터클라스'라는 이름으로 기억하며 이 전통을 이어갔다.

산타로 부활한 톰테

스웨덴의 크리스마스 풍경에는 독특한 점이 많다. 크리스마스 카드나 상점에는 아주 작은 키에 빨간 모자를 눌러 쓴 요정 같은 사람들을 쉽게 볼 수 있다. 그의 이름은 톰테다. 숲이나 농장에 사는 것으로 알려진 톰테는 크리스마스 저녁식사 후 굴뚝을 타고 내려와 선물을 주고 간다고 알려져 있다. 스웨덴에서는 톰테와 함께하는 크리스마스 기념 행사를 12월 13일 성 루시아 데이에 시작한다.

크리스마스가 되면 어느새 산타클로스로 변신을 하고 선물을 전달하는 톰테. 시간이 지났지만 여전히 작고 성숙한 노인으로 묘사된다. 하지만 스칸디나비아의 다른 전통과 마찬가지로 톰테도 많은 변화를 겪었다.

❶ 스웨덴 산타, 톰테

스칸디나비아 신화에는 스웨덴 산타라고 할 수 있는 톰테가 묘사되어 있다. 원래 스칸디나비아 민속에 전해지는 톰테는 모든 사람이 잠들었을 때, 농부들의 집을 돌보는 것으로 알려져 있다. 스웨덴어 톰테는 '톰트tomt'라는 단어에서 파생되었는데 집에 사는 사람을 의미한다. 외모는 작지만 아주 힘이 센 요정으로 무엇이든 할 수 있는 초능력자다.

▲ 작은 키에 빨간색 모자를 눌러 쓴 다양한 모습의 톰테.
핀란드 톰테는 스웨덴 톰테와 엘프를 복제한 것들이 많다.

사람들은 그가 길게 늘어진 턱수염과 4개의 손가락을 가지고 있다고 믿었다. 어떤 사람들은 톰테를 어둠 속에서 빛나는 뾰족한 귀와 눈으로 묘사하기도 한다. 고대 톰테는 엘프처럼 보이는데 활동과 기질 역시 요정과 비슷하다. 그런 면에서 스웨덴의 톰테는 노르웨이와 덴마크의 요정 니세Nisse와 비슷하다.

톰테는 가축을 잘 보살펴 농부들에게 매우 도움이 되었지만 간혹 조롱을 당하거나 화를 내게 하면 쉽게 진정시키기 어렵다. 화가 나면 농부의 귀에 건초 더미를 뿌려대고 도망을 가거나 가축을 다룰 수 없게 만들어 농부들을 곤란에 빠지게 만든다고 한다. 그러니 톰테가 단순히 착하고 순진하기만 한 요정이라고만 생각한다면 큰 오산이다.

❷ 톰테의 선물

톰테는 스칸디나비아 국가가 기독교로 개종하기 이전에는 선물을 주는 요정이 아니라 선물을 가져가는 요정이었다고 한다. 그는 농부들을 위해 고된 일을 하고 그 보상으로 선물을 받아야 만족했다. 톰테가 크리스마스이브에 받은 선물은 다름 아닌 죽 한 그릇이었다. 만약 농부를 도와주고 시간 내에 돈을 받지 못하면 그는 농장이나 가족을 떠나면서 물건을 부러뜨리거나 가축을 성가시게 하는 장난을 쳤다. 그렇기 때문에 감히 톰테에게 차려준 죽을 먹는 사람은 아무도 없었고 사람들은 버터까지 얹어서 아주 맛있는 죽을 만들어 주었다.

❸ 기독교 개종 후의 톰테

스칸디나비아 국가들이 기독교로 개종하면서 톰테는 점차 악마로 변신하

▲ 스웨덴의 톰테(왼쪽)와 덴마크와 노르웨이의 요정 니세(오른쪽).

게 된다. 톰테가 비밀리에 어둠의 신을 부르고 있다고 헛소문이 나기 시작한 것이다. 이건 그리 놀라운 일이 아니다. 고대 스칸디나비아 사람들 역시 비슷한 운명을 겪어야 했기 때문이다.

14세기에 성인 비르기타는 '톰테 신'을 모시는 일은 우상 숭배라고 경고 했다. 톰테에 대한 모든 것이 부정적이었다. 농가에서 톰테를 신봉하는 것은 미신을 추종하는 것으로 간주했을 정도다. 급기야 어떤 농부가 잘 살면 이웃 사람들은 그의 집에 톰테가 몰래 나타나 밤에 농지를 돌보고 다른 농부들의 물건을 훔쳐 부유하게 만들어 준다고 믿었다.

❹ 20세기의 톰테

톰테는 근대에 이르러 다행히 그 명성과 지위를 되찾기 시작한다. 특히 크리스마스가 되자 미국에서 그 인기가 엄청나게 상승했다. 미국에서는 상업적 이해를 충족시키는데 산타만 한 인물도 없었을 것이다. 따라서 모든 매장에 산타가 등장했다.

스칸디나비아 사회에서 전통을 중시하는 사람들은 아직도 크리스마스가 되면 문 앞이나 집 밖에 죽 한 그릇을 놓아둔다. 이 죽은 꼭 톰테가 아니더라도 누군가 배고픈 사람이 먹게 된다면 좋은 일이기 때문이란다. 오늘날 산타는 직접 거리에 나타나 모든 사람들에게 선물을 전한다. 산타의 선물 수송 전략은 오딘의 슬레이프니르가 아니라 순록 8마리가 끄는 썰매가 대신하고 있다.

이처럼 톰테는 악마의 자손처럼 취급당한 시기도 있었지만 지금은 성자와 같은 산타의 모습이 되어 가장 사랑받는 크리스마스 캐릭터로 자리잡게 되었다.

스칸디나비아에서는 율톰테[산타클로스를 지칭]가 어린이들에게 선물을 배달 할 때 염소가 끄는 썰매를 이용한다고 생각했다. 전통신앙인 이교도 시대에는 토르가 염소 두 마리가 끄는 이륜 전차로 하늘을 가로질러 날아다녔다고 믿었다. 이후 기독교로 개종을 하자 점차 염소는 사라지고 순록이 그 역할을 대신하게 되었다. 하지만 북유럽에서는 여전히 크리스마스 장식용으로 염소를 사용하고 있다. 예전에는 순록보다 염소가 더 많은 일을 했으니 굳이 없앨 필요가 없다고 생각했기 때문일 것이다.

▲가끔 순록이 아닌 염소가 썰매를 끄는 크리스마스 카드를 볼 수 있다.
이는 북유럽 신화의 토르가 염소를 타고 전투에 임했다는 데서 유래한 것이다.

라플란드의 숲속 요정들

숲속의 나무 요정들

인간은 기억하고 싶은 것만 기억한다고 했던가? 하지만 그렇지 못해 고통을 받고, 심지어 죽음에 이르기도 한다. 잊어야 하는데 잊을 수 없다면 그보다 더한 고통은 없을 것이다. 마치 첫사랑의 기억처럼 말이다. 라플란드가 그랬다. 라플란드를 달리면 달릴수록 첫사랑처럼 달콤하기도 하고 씁쓸하기도 했다. 그곳에는 여전히 진한 고통의 그림자가 드리워져 있었다. 그걸 감추기 위해 한밤중에 오로라가 그리도 빛을 뿜어대는 것인지도 모르겠다.

로바니에미를 떠나 북쪽 라플란드의 관문 이발로Ivalo를 향해 달린다. 로바니에미에서 이발로까지는 자동차로 대략 3시간 반 정도 거리다. 하지만 중간중간 숲을 들어가보고 싶다는 생각이 들었기 때문에 정확히 얼마나 걸렸는지는 모른다. 어쩌면 한밤중에 숙소에 들어가게 될지도 모른다고 생각한 건 이발로에 도착하기 전, 사리셀카Saariselkä에 도착했을 때였다. 이곳은 휴양지로,

▲ 나를 사로잡은 조각 햇빛. 마치 나무와 해가 숨바꼭질을 하는 듯했다.

좋은 리조트 시설을 갖춘 곳이다.

그러나 그보다 나를 더 끌어당긴 곳은 따로 있었다. 언덕을 돌아올 때 벌판에 비친 햇빛 한 조각이 나를 사로잡았다. 작은 나무들이 요정처럼 서있는 그 사이로 구름 속에서 나온 해가 조금씩 비추더니 이내 사라지고 또 잠시 후 다시 비춘다. 마치 해와 나무가 숨바꼭질을 하는 듯했다. 벌판에 서있는 나무들은 햇빛이 비치는 사이로 마구 뜀박질을 해대며 내게 달려오는 듯했다. 춤도 추고 노래도 부르며 신나게 즐기고 있었다. 한참을 길가에서 요정들의 숨바꼭질 구경을 하다 보니 어느새 어두워졌다.

간신히 꿈에서 깨어난 건 해가 완전히 사라지고 난 후였다. 더 이상 지체할 수 없어 곧장 이발로로 향했다. 이발로의 작은 통나무집에 도착한 건 어둠이 짙게 깔리고 난 후였다. 내심 밤이 더 깊어지면 하늘이 열려 별과 오로라를 볼 수 있지는 않을까 기대했다. 그런데 그게 아니었다. 눈이 질펀하게 내리기 시작했다. 요정들과 노느라 피곤했을 테니 일찍 잠자리에 들라는 하늘의 계시처럼 느껴졌다.

숲으로
가야 하는 이유

드라이어드는 그리스 신화에 나오는 나무 요정이다. 드리스는 그리스 참나무를, 드라이어드는 참나무 애벌레를 뜻하지만 흔히 모든 나무 요정을 지칭하는 것으로 사용된다. 나무 요정의 특징은 누구 앞에서건 언제나 수줍어한다는 것이다. 그 때문인지 나무 요정은 쉽사리 사람들 앞

▲ 사람들 앞에 쉽게 나서지 않는 나무 요정을 상상해서 그린 삽화

에 그 모습을 잘 드러내려 하지 않는다.

북유럽 신화를 바탕으로 한 영화 〈반지의 제왕〉에는 숲을 지키고 자연을 보존하는 엔트족이 등장한다. 팡고른 숲의 주인인 엔트족은 자신들의 영역을 침범한 오크족 때문에 위험에 처한다. 사루만이 이끄는 오크군과 전투가 벌어지자 엔트족으로 변신한 나무들은 거대한 몸짓으로 오크족을 짓밟는데, 이 장면에서 통쾌함을 넘어 신비함마저 느껴졌다. 단지 판타지라고 하기보다 자연 파괴자들에게 일종의 경고와 엄한 꾸지람의 메시지를 보내는 듯 했다.

북유럽 창조 설화에도 최초의 인간은 나무에서 탄생한다. 「에다」를 쓴 스노리 스툴루손에 따르면, 보르의 세 아들인 오딘과 빌리, 베이가 해변에서 두 개의 나무 조각을 발견하고 그것으로 최초의 인간을 만들고 이들에게 정신과 생명을 불어넣어 주었다고 한다. 그다음에 마음과 움직일 수 있는 힘을 주고, 마지막으로 듣고 말할 수 있는 힘을 주었다. 또한 이들에게 나무로 만든 옷과 아스크와 엠블라라는 이름도 지어주었다.

최초의 인간 이름인 '아스크'는 물푸레나무[Ash tree]를 의미하다는 것은 알겠는데, '엠블라'의 의미가 무엇인지 정확히 알 수가 없다. 느릅나무[Elm tree]일 가능성이 있다고는 하지만 언어의 뿌리가 와닿지 않는다. 그래서 다른 가능성 있는 포도나무[vine]를 생각하기도 했다.

어떤 나무 조각으로 인간을 만들었을지 궁금하긴 하지만 중요한 건 나무로 인간을 만들었을 것이라는 상상력이다. 많은 대상을 두고 하필이면 왜 나무였을까. 어쩌면 스칸디나비아 숲 속 나무 요정, 또는 나무 정령은 인간의 다른 모습은 아니었을까. 그런 생각을 하니 숲으로 가야 할 이유가 더욱 분명해졌다. 숲에 가면 인간의 조상인 나무 요정들을 만나 함께 숨바꼭질을 할 수 있을테니, 그 생각만으로도 황홀해졌다.

나무 요정들 사이로 빛나는 오로라

다음날, 이발로를 출발해 핀란드에서 가장 큰 렘멘요키 국립공원[Lemmenjoki National Park]으로 향했다. 가는 길에 이나리에 있는 박물관과 '사미 의회'도 들러 보기로 했다. 핀란드에서 가장 넓은 국립공원인 렘멘요키 국립공원은 그 넓이만큼 보존 가치가 큰 허브와 희귀 식물들, 그리고 순록 먹이로 가장 좋은 이끼류들이 자라고 있는 곳이다.

핀란드 북극권 지역은 대부분 사미인 거주지역이다. 물론 핀란드인이나 외국인들도 거주하지만, 가축 사육권을 사미인에게 우선적으로 주고 있기 때문에 사미인 보호지역이라고 볼 수 있다. 국립공원 내 대형 순록 목장은 모두 사미인이 운영하는 것으로 일반 관광객들은 숙소로 이용할 수 있다.

무엇보다 이 지역을 관광객들이 좋아하는 이유는 별도의 오로라 관광료(약 15만 원 내외)를 지불하지 않고도 숙소에서 바로 오로라 사냥을 할 수 있기 때문이다. 도시의 불빛이 없고, 커다란 호수와 강이 흐르는 곳이 많아 멋진 오로라 사진을 찍을 수 있다. 물론 날씨가 좋아야 가능하지만 말이다.

한 가지 흥미로운 사실은, 핀란드가 가장 북쪽에 위치한 라플란드 지역을 발할라와 미드가르드, 그리고 최북단 노르웨이 국경지대인 우트스요키 인근 지점을 아스가르드라고 명명해 오로라 관광단을 모집하고 있다는 것이다. 이 지역이 그만큼 오로라를 볼 확률이 높을테지만 이런 이름으로 관광단을 모집하는 핀란드를 보니, 왜 핀란드를 스칸디나비아 국가들 중 가장 뛰어난 마케팅 솜씨를 가진 나라라고 하는지 알 것 같았다. 이 단어들은 모두 핀란드와 상관없는 북유럽 신화에 나오는 지명들이기 때문이다.

렘멘요키 국립공원으로 갈수록 모든 것이 평온한 느낌이 들었다. 인적이 드물고, 상대적으로 따스한 발트 해의 공기가 음산한 라플란드를 감쌌다. 강가를 따라 숙소로 가는 내내 라플란드 숲에서는 나무 요정들의 노랫소리가 울려 퍼졌다.

오로라를 만나거들랑

오로라 천국 라플란드

라플란드에는 사미 대학이 있는 노르웨이의 카우토케이노[Kautokeino]가 중심 도시처럼 자리잡고 있고 그 위쪽으로 노르웨이 사미 의회가 있는 카라스요크[Karasjok]가, 오른쪽으로는 핀란드 사미 의회가 있는 이나리[Inari]가, 그리고 그 아래로 스웨덴 사미 의회가 있는 키루나[Kiruna]가 있다. 사미인은 이 도시들을 중심으로 거주하고 있다. 주민들 숫자에 차이가 있긴 하지만 노르웨이 남부 지방부터 러시아 콜라 반도까지 사미인들이 넓게 퍼져 있다.

만약 오로라가 보고 싶은 여행자라면 이 네 곳은 꼭 들러야 한다. 이곳의 풍광은 그동안 알려진 스칸디나비아 경치들과는 전혀 다른 모습이라 신비롭고 환상적인 느낌을 오랫동안 간직할 수 있다. 게다가 날씨가 조금만 좋다면(구름이 있어도 상관없이), 매일 밤 오로라와 함께 지내게 될 테니 정말 좋지 않을까?

이번에는 카우토케이노와 키루나 중간에 있는 카레수안도Karesuando로 향했다. 스웨덴 최북단, 핀란드 국경지대에 있는 도시로 19세기와 20세기 초반까지 사미인이 고통 속에 지내야 했던 비운의 역사를 간직한 곳이다. 이곳에서는 카레수안도 인근, 사미인이 운영하는 숙소에서 며칠 묵기로 했다. 늦은 저녁 도착한 숙소는 간밤에 내린 눈으로 주변이 온통 하얗게 물들어 있었다. 그리 멀지 않은 곳에 사미인들 거주지가 있는지 환한 불빛이 보였다. 잠시 후 불빛보다 더 밝은 별들 사이로 오로라가 춤추며 나타났다.

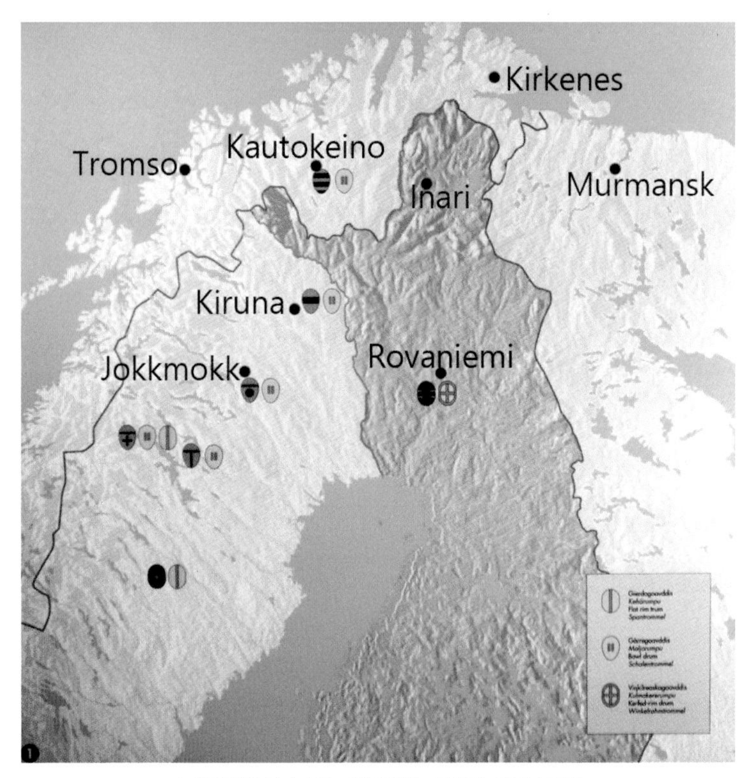

▲ 오로라를 볼 수 있는 카우토키노, 이나리, 키루나 지역

오로라 편지

오로라를 보고 있으면 신기하기 짝이 없다. 갑자기 나타났다 순식간에 사라지기도 하고, 서서히 움직이다가도 순간적으로 둘둘 말리듯 사라지기도 하는 게 어떤 때는 사람 혼을 빼앗아가는 팜므파탈의 느낌마저 든다. 모든 오로라가 일정하게 움직이는 게 아니라 그야말로 예측 불허다. 그러니 오로라는 그저 볼 수 있는 게 아니다. '오로라 사냥'을 해야 볼 수 있다.

사미인들은 전통적으로 사람들의 영혼이 몸을 떠나는 순간 빛이 되어 하늘로 올라간다고 여겼다. 그래서 한밤중에 오로라가 빛나기 시작하면 사람들은 엄숙하게 행동해야 했고, 아이들도 조용하고 경건한 마음으로 '하늘의 불'을 바라보아야 했다. 하늘의 불을 경멸하는 사람은 불행을 초래하게 되어 병이 나거나 심지어 죽음까지 맞이할 수 있다고 믿었다.

그뿐이 아니다. 사미인은 오로라가 스칸디나비아 북쪽 라플란드 벌판을 가로질러 달리는 여우들이 만들어내는 불꽃이라고 여겼다. 그래서 오로라를 '여우 불fox fire'이라고도 부른다. 오로라의 핀란드식 이름은 레본툴레트revontulet다. 이 말은 사미인 전설에서 오로라를 뜻하는 '여우 불꽃'이란 말과 같은 의미다. 결국 핀란드인이 생각하는 오로라 역시 사미인이 말하는 오로라와 다르지 않다.

오로라가 나타나면 샤먼들은 북을 치며 주문을 외운다. 하늘의 신과 교감을 나누기 시작하면 샤먼의 주문은 빨라지고 호흡도 거칠어진다. 오로라의 불꽃도 더욱 거세진다. 그렇게 한참 춤을 추던 오로라도 시간이 흐르면 서서히 꼬리를 내리고 사그라든다.

▲ 라플란드에서 만난 환상적인 오로라

오로라와 관련된 이야기 중 가장 로맨틱한 이야기는 캐나다 퀘벡에 거주하는 원주민인 알곤퀸 인디언에게 전해오는 이야기다. 그들의 창조주인 나나보조가 세상을 만든 후 먼 북쪽으로 여행을 떠나 그곳에서 큰 불을 지펴 그가 떠나온 남쪽을 향해 반사되도록 했다. 오로라가 그들의 신이 보내는 변함없는 사랑이라 믿은 것이다.

그런데 오로라를 과학적으로 들여다보면 조금은 신비감이 떨어질 수 있다. 그도 그럴 것이 오로라의 신화적인 특징은 과학이라는 이름으로는 설명하기 어려운, 아니 황당하기까지 한 이야기처럼 들리기 때문이다.

오로라를 보는 순간 오로라와 관련된 과학적 내용들은 잠시 잊어버리는 게 좋다. 여행하며 오로라를 만나게 되면 그냥 사미인처럼 라플란드 벌판을 달리는 여우 꼬리를 상상하거나 아님 알곤퀸 인디언들처럼 사랑이 듬뿍 담긴 메시지로 여기고 그 속으로 빠져들면 좋지 않을까? 그러니 제발 오로라를 만나거들랑 딴 생각 말고 사랑에 푹 빠져보란 말이다. 그리고 오로라를 편지에 담아 그대가 사랑하는 사람에게 보내길 바란다.

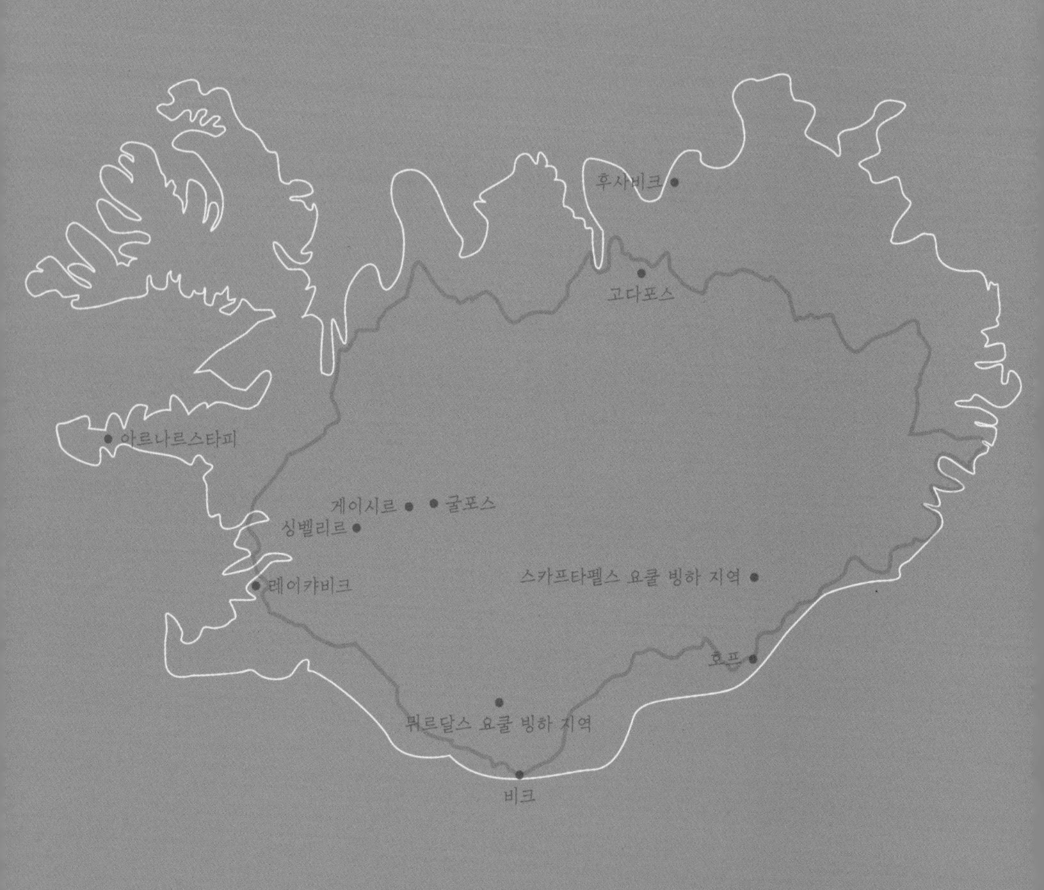
후사비크
고다포스
아르나르스타피
게이시르
굴포스
싱벨리르
레이캬비크
스카프타펠스 요쿨 빙하 지역
호프
뮈르달스 요쿨 빙하 지역
비크

05

아이슬란드

Iceland

레이캬비크

게이시르

굴포스

싱벨리르

뮈르달스 요쿨 빙하 지역

비크

스카프타펠스 요쿨 빙하 지역

호프

후사비크

고다포스

아르나르스타피

유럽인 최초로 북미 대륙을 간, 레이프 에이릭손

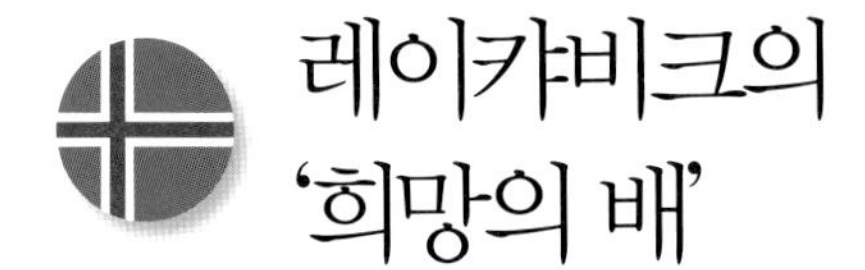

레이캬비크의 '희망의 배'

아이슬란드에 도착하다

여행의 목적이 무엇이든 간에 일단 여행을 나서면 즐겁다. 평소에 맛보지 못하는 음식을 먹는다거나, 신기한 장면을 목격하거나, 흥미로운 일을 경험하게 될 때는 조금 긴장이 되기도 하지만 대부분 재미있다고 느낀다. 그래서 가끔은 낯선 곳으로 무조건 떠나 보는 연습을 하는 것이 필요하다.

그런 의미에서 아이슬란드는 최적의 장소인 듯싶다. 북유럽 신화 이야기를 쏙 빼닮은 경관, 비록 섬나라지만 들어가면 들어갈수록 거대한 대륙 같은 느낌이 드는 곳이다. 국토의 10분의 1이 넘는 면적이 빙하 지대인 나라. 여기에 화산과 산악 지대까지. 국토의 9할 이상이 사람 살기에 부적합한 땅이다. 그러나 바로 그런 점이 아이슬란드를 더욱 매력적으로 만들고 있는 건 아닐까.

드디어 북유럽 신화의 고향 아이슬란드에 도착했다. 공항에서 꼬마 차 '붕붕이'를 인수하여 레이캬비크Reykjavik 시내로 향했다. 시내로 들어서니 북유럽 특유의 분위기가 호기심을 자극한다. 마침 숙소 주인이 카페를 운영하고 있다고 해서 그곳에 가서 차를 마시기로 했다. 친절한 주인은 내가 가야 할 곳과 안전에 대한 내용까지 세세히 일러주었다. 꼭 제 식구를 대하듯 하는 그의 모습에서 아이슬란드 특유의 친절함을 느낄 수 있었다. 주인의 친절한 설명을 들으며, 아이슬란드 주변을 빙 두르고 있는 1번 국도를 따라 여행을 하기로 결정했다. 서북쪽 지역에 눈이 많아 와 아직은 여행이 쉽지 않을 거란 그의 조언 때문이기도 했다. 갈 곳을 정하고 나니 여행이 한결 수월해진 느낌이다.

1번 국도를 따라 아이슬란드를 여행하기 전 시내 구경에 나섰다. 아이슬란드 수도인 레이캬비크 시내는 그리 크지 않았다. 중심 도로를 지나 시내 중앙에 도착하니 레이캬비크의 상징인 할그림스 키르캬가 나온다. 교회 앞에는 유럽인으로는 최초로 북미 대륙에 발을 내디딘 레이프 에이릭손의 동상이 서있다. 크리스토퍼 콜럼버스보다 500여 년 빨리 아메리카 대륙을 발견했다고 한다.

레이프 에이릭손이 활동하던 시대는 노르웨이에서는 하랄 1세가 전성기를 맞았던 시기다. 노르웨이 바이킹들은 해외 원정을 통해 그들의 거주지를 넓혀 갔고, 그때 아이슬란드가 발견되었다. 바이킹들은 아이슬란드에 정착촌을 건설하고, 레이프 에이릭손을 앞세워 그린란드를 거쳐 지금의 캐나다 지역인 뉴펀들랜드까지 탐험에 나섰다.

잠시 할그림스 키르샤 앞의 레이프 에이릭손 동상을 보면서 회한에 빠졌다. 당시 그의 행동 범위는 상상 이상으로 넓었다는 점을 주목해야 한다. 노르웨이 트론헤임Trondheim에 있는 레이프 에이릭손의 동상과 아이슬란드 레이캬비크의 레이프 에이릭손의 동상. 각기 다른 곳에 같은 사람의 동상이 있다

▲ 할그림스 키르캬 앞에는 유럽인으로는 최초로 북미 대륙에 발을 내디딘 레이프 에이릭손의 동상이 서있다.

는 것이 묘하다. 그는 정말 대단한 발자취를 남긴 것이다.

멀리서 보면 마치 로케트처럼 보이는 할그림스 키르캬는 아이슬란드 바닷가의 주상절리를 본떠 지었다고 한다. 높이가 75m에 이르는, 아이슬란드에서 가장 높은 건축물이다. 엘리베이터가 설치되어 있어 전망대에 올라 시내 구경을 할 수 있다. 레이캬비크 시내는 위에서 바라보면 더 예쁘다. 중세 유럽 도시가 오래되어 숙연한 느낌이라면, 레이캬비크는 상대적으로 밝고 다양한 색을 사용해 젊은 느낌이다. 길을 걷다 재미난 그림을 벽화처럼 그려놓은 뜻밖의 건물을 발견했는데, 공들여 그린 게 역력해 보이는 그림은 도시에 새로운 활력을 더했다. 할그림스 키르캬에서 바닷가로 향하는 길에서 만난 '선 보이저Sun Voyager'는 또다른 감동을 느끼게 한다.

길거리를 걸으며 늘어선 건물들과 잘 정돈된 도시의 모습을 보며, 문득 레이캬비크에서 희망이 보이는 듯 했다. 아이슬란드는 10여 년 전 잠시 IMF 사태로 고생하기도 했지만 최근에는 연속으로 세계행복지수 3위에 오르며 시민들이 점차 안정을 되찾고 있었다. 아이슬란드의 과거와 현재, 그리고 미래가 한데 어우러져 전혀 다른 시간을 만들어내는 도시, 레이캬비크는 그렇게 기분 좋은 느낌으로 다가왔다.

오랫동안 덴마크의 식민지로 있다가 1948년 독립했으면서도 피지배국가로서의 위축감 같은 걸 전혀 느낄 수 없었던 레이캬비크. 북유럽 신화의 고향이어서 그런 걸까. 신화처럼 살아가는 그들의 생활이 전혀 낯설지 않았다. 오히려 현실로 나타나는 모든 것들이 자연스럽고 친근하게 다가왔다. 그들의 모습을 보며 그런 것이 바로 신화의 힘 때문은 아닌지 생각을 해보았다.

▲ 이색적인 벽화와 진짜 사람처럼 보이는 조각품이 도시에 활기를 더한다.

희망의 배,
선 보이저

1990년 8월 18일, 레이캬비크는 도시 탄생 200주년 기념사업의 일환으로 설치 작품 공모전을 주최했다. 이때 존 군나르의 작품 '선 보이저'가 당선작으로 채택되어 바닷가에 설치되었다. 선 보이저는 희망의 배, 미래의 배, 그리고 전진의 배라는 의미를 담고 있다.

레이캬비크 해안가에 있는 희망의 배는 디자인적으로도 특이하다. 이 배를 보고 있노라니 문득 북유럽 신화 속 이야기를 그대로 옮겨 놓은 듯한 착각이 든다. 시에서는 그저 도시의 상징일 뿐 바이킹의 배 또는 북유럽 신화 속 이야기를 모티브로 한 것은 아니니 지나친 상상은 하지 말라고 당부한다. 그러나 북유럽 신화의 고향인 아이슬란드에서 선 보이저를 북유럽 신화와 분리해 생각하기란 쉽지 않을 것 같다. 신화 속 '스키드블라드니르'라는 배를 무

▲ 레이캬비크 탄생 200주년 기념을 위해 만든 존 군나르의 '선 보이저'. 낮보다 밤에 더 아름답게 보인다.

척이나 닮았기 때문이다. 안타깝게도 이 작품을 기획한 존 군나르는 작품이 완성되기 1년 전인 1989년, 숨을 거두었다. 그러자 선 보이저에는 '태양으로 가는 배', '희망의 배', '자유의 배'라는 이미지가 더해졌다. 작가나 시에서 뭐라고 이야기해도 배를 보는 순간 누구나 '북유럽 신화' 속으로 들어가는 착각에 빠지게 될 것이다.

아이슬란드인들에게, 아니 대부분의 북유럽 사람들에게 북유럽 신화는 그들 행위 양식의 기준이라고 할 수 있다. 뿐만 아니라 스스로 신화 속 주인공인 양 행동하게 만드는 자극제이기도 하다. 신화는 삶의 중심이자 이데올로기로 자리한다. 이는 나와 같은 이방인에게 단지 '낯설다'는 표현만으로는 부족하다. 신화를 닮은 삶을 살고 있는 그들에게 신화는 하나의 역사로 자리잡고 있기 때문이다.

그렇다면 우리는 언제 제대로 우리의 역사, 아니 우리의 신화를 닮은 삶을 살 수 있을까? 과연 어떻게 희망이 현실이 되는 시간을 즐길 수 있겠느냔 말이다. 이제는 이런 물음에 우리 모두 답을 할 수 있어야 하지 않을까?

아이슬란드의 골든 서클

아이슬란드는 험준한 산악 지형과 빙하 지형으로 되어 있어 마치 미개척지 같은 인상을 준다. 그래서인지 섬을 관통하는 도로나 기차가 없다. 주민 대부분도 수도인 레이캬비크 인근에 몰려 살거나(약 30만 명 정도) 해안가를 따라 작은 마을을 이루며 살고 있다. 그래서 해안가를 따라 나 있는 1번 국도가 아이슬란드의 젖줄인 셈이다. 오늘 가는 '골든 서클'도 1번 국도에 인접해 있어 오가기 편한 곳이다.

골든 서클Golden Circle은 아이슬란드를 대표하는 관광지로 간헐천과 폭포, 그리고 싱벨리르 국립공원을 합친 곳이다. 우선 첫 번째 방문지인 게이시르Geysir로 향했다. 간헐천을 뜻하는 영어 단어 가이저Geyser는 이곳 지명에서 왔다. 간헐천은 5분 정도 간격으로 뜨거운 물을 뿜어내고 5~30m 정도 높이로 솟구친다. 짙은 유황 냄새가 폐 속 깊은 곳까지 스며든다. 낯설지만 흔하지 않은 냄새이기에 그리 불쾌하지는 않았다.

두 번째로 찾은 곳은 굴포스Gullfoss다. 굴포스는 화산 활동으로 생긴 폭포로 아이슬란드에서 만나는 많은 폭포 중 하나지만 가장 유명한 폭포다. 폭포 근처에 댐을 쌓으려다가 주민들이 강력히 반대해 살아남게 되면서 유명세를 타게 된 것이다. 덕분에 지금은 더 많은 관광객이 찾는다고 하니 아이러니가 아닐 수 없다.

골든 서클 세 번째 코스는 싱벨리르Thingvellir 국립공원으로 유네스코 세계자연유산에 등재된 곳이다. 싱벨리르 전망대에서 바라보면 좌우로 길게 20~30m의 벼랑이 수백 미터 이어져 있다. 그 벼랑 사이로 난 길은 두 지각판이 벌어져 생긴 것이다. 길 왼쪽이 북아메리카판, 오른쪽 낮은 지형이 유라시아판이다. 지금도 매년 조금씩 갈라지고 있다고 한다.

▲ 유네스코 세계자연유산으로 지정된 싱벨리르 국립공원. 매년 조금씩 벌어지는 북아메리카판(왼쪽)과 유라시아판(오른쪽) 사이로 작은 길이 나있다. 바이킹들은 싱벨리르에서 알팅 회의를 열었다.

싱벨리르는 지구과학적 의미도 가지고 있지만 '알팅[Althing]'이라는 아이슬란드 의회제도가 최초로 개최된 곳이기도 하다. 10세기경 노르웨이 출신 바이킹들은 아이슬란드에 정착하면서 그들의 생존을 위해 알팅 제도를 시작했다고 한다.

요즘 말로하면, 아이슬란드는 930년에 처음으로 국회인 알팅을 소집하고, 1262년 노르웨이 치하에 들어가기 전까지 군주 없이 국회가 나라를 이끄는 공화 정치를 한 셈이다. 일 년에 한두 번 아이슬란드에 거주하는 전 주민이 모여 그들의 지배자인 왕과 지역 수장들을 직접 뽑고, 각 지역의 법률을 제정하고, 통치기구에 대하여 자유롭게 의견을 개진하는 토론을 했다고 한다. 알팅으로 바이킹 생활에 관한 모든 결정을 했다. 특히 법원 역할도 했는데, 죄인은 알팅 총회에서 자신을 방어하는 진술을 자유롭게 개진할 수 있었고, 지지를 받게 되면 무죄가 될 수도 있었다.

왕은 입법권을 갖지 못했다. 알팅이 유일한 입법 기관이었기 때문에 왕이라 할지라도 법이 정한 대로만 행동해야 했다. 전문적인 사제가 존재하지 않았기에 북유럽 신화에 등장하는 신들에게 바치는 제사를 주재하는 일도 알팅에서 뽑은 왕과 수장들이 도맡아 했다. 알팅은 아이슬란드는 물론 그린란드와 페로 제도에서도 다른 이름으로 비슷하게 운영되었다. 그러고 보면 침략과 약탈, 야만을 일삼은 로마제국의 그늘에 있던 당시의 서유럽보다 아이슬란드가 훨씬 민주적인 사회였던 것 같다. 그러나 이런 제도를 가진 아이슬란드는 덴마크를 주축으로 한 칼마르 동맹 시대를 맞이해 노르웨이에서 덴마크의 식민지로 옮겨지면서 모든 것을 잃게 된다.

문득 바이킹들이 싱벨리르에서 험상궂은 얼굴로 열변을 토하며 회의를 진행하는 모습이 떠오른다. 지각판이 벌어져 장대한 경관을 보여주는 이곳에서 천 년 전 사람들이 민주적인 모습으로 자유롭게 토론하며 살아가던 모습을 그리워하게 될 줄 누가 알았을까. 나는 오늘 잃어버린 시간 속으로 거슬러 올라가 바이킹이 되고 싶다.

▲ 노을 지는 싱벨리르의 모습

1번 국도의 판타지

여행의 즐거움이 된 폭포들

이른 아침 숙소를 나섰다. 다행히 비는 오지 않았지만 약간 흐렸다. 길 위에 서니 또다시 새로운 기대와 설렘이 스민다. 언제나 그렇듯 집을 나서서 어떤 길에 들어선다는 건 지금껏 내가 만난 것들에서 벗어나 새로운 만남을 하게 된다는 것을 의미한다.

매일 만나는 사람일지라도 어제의 그와 오늘의 그는 다르다. 나 역시 어제의 나와 오늘의 내가 다르다. 내가 언제나 나일 수 있다면, 그리고 그대가 언제나 그대일 수 있다면 얼마나 다행일까, 아니 슬픔일까를 생각해본다. 우리는 매일 다른 내가 되어 다른 너를 만난다. 그러기에 그대에 대한 그리움이 생겨나고 호기심도 커지는 게 아닐까? 그렇게 오늘에 대한 호기심을 억누르며 길을 나섰다.

운전을 하다 보면 차창 밖의 멋진 경치들을 보지 못하고 그냥 지나치는 경우가 많다. 그러니 무조건 달리기만 하지 말고 쉬엄쉬엄 갈 일이다. 가끔씩 운

▲ 이색적인 아이슬란드의 전통가옥. 노르웨이의 영향을 많이 받았다고 한다.

전을 멈추고 사진을 찍는 일이 그래서 더욱 필요하다. 아이슬란드를 깊이 들어가면 갈수록 보이는 경치들은 지금까지 봤던 그림들과 많이 달랐다. 산악 지형과 빙하 지형이 많아서 그런지 그림 같은 경치다. 저 멀리 산봉우리 사이로 폭포 물줄기가 보이자, 잠시 쉬었다 가기로 했다. 셀야란드포스Seljalandsfoss[1]의 모습이 장관이다. 나처럼 이른 시각에 출발한 사람들이 생각보다 많은지 주차장은 이미 차들로 빼곡했다.

기온은 영하 5도 정도, 바람이 심하게 불고 제법 춥다. 그린란드에서는 영하 20도에서도 개썰매를 타고 다녔는데, '이까짓 추위쯤이야' 라고 생각하며 자동차 문을 열고 나오려는데 바람이 심하게 불면서 폭포 물줄기가 얼굴로

1 'foss'는 폭포라는 뜻이다.

날아들었다. 순간 온몸이 오싹해졌다. 폭포 주변은 영하의 추위 때문인지 물방울이 얼어붙어 예쁜 얼음 구슬을 만들어 놓았다. 마치 겨울왕국의 얼음 궁전 같은 모습처럼, 폭포 주변은 얼음 구슬로 가득하다. 폭포 안쪽까지 들어갈 수 있는 길은 얼음이 얼어 걷기가 힘들고 위험했다.

셀야란드포스를 뒤로하고 다시 1번 국도를 따라 얼마를 갔을까. 시원한 물줄기를 선사하는 두 번째 폭포를 만났다. 가까이 다가갈수록 물줄기는 괴이한 모습으로 다가왔다. 여름에는 이 일대가 모두 초록 이끼와 잔디로 뒤덮여 색다른 경치를 보여준다는데, 아직 추위가 가시지 않아 초록빛을 잃은 모습이 아쉽기 그지없다. 여름에는 분명 초록 폭포를 만날 수 있겠지. 그 풍경을 머릿속에 그리며 길을 재촉했다.

▲ 셀야랍드포스 안쪽에서 바라본 모습

검은 모래
검은 빙하

이번에는 아이슬란드의 유명한 빙하, 뮈르달스 요쿨 Myrdalsjökull로 향했다. 물과 불의 나라 아이슬란드답게 빙하는 아이슬란드의 제일가는 아이콘이다. 뮈르달스 요쿨은 아이슬란드에서 네 번째로 큰 빙하 지형으로, 모두 4개의 봉우리가 빙하를 둘러싸고 있다. 빙하의 두께는 제일 얕은 곳이 30m 정도, 제일 두꺼운 부분이 수백 미터에 이른다고 한다.

뮈르달스 요쿨에는 아이슬란드에서 가장 악명 높은 화산 폭발로 알려진 카틀라 화산이 숨어 있다. 930년에서 1918년 사이에 약 20번 가량 분화했다고 한다. 최초의 폭발 당시 아이슬란드 면적 4분의 1이 화산재로 뒤덮였다. 마지막 화산 폭발이 있었던 1918년에도 검은 화산재가 아이슬란드를 절반이나 뒤덮을 정도로 엄청났다고 한다.

그 후 지금까지 카틀라 화산은 다행히 별다른 징후을 보이지 않고 있다. 그러나 그때의 여파로 거대한 빙하가 형성되었고, 그 안쪽에 큰 물줄기까지 생겨나면서 특이한 형태의 빙하 지형으로 자리 잡게 되었다. 한여름에는 빙하 속 동굴 탐험이 가능하다. 인기 관광코스로 자리잡은 동굴 탐험은 5월에서 9월까지만 할 수 있다.

빙하 지형을 벗어나 검은 화산재가 날아가 쌓였다는 검은 모래 해안가로 갔다. 이곳 해안가는 온통 검은 모래로 뒤덮여 있다. 자세히 보면 모래가 아니라 아주 작은 조약돌이다. 아이슬란드 해안에는 우리나라 바닷가에서 볼 수 있는 흰모래는 없다. 화산 때문에 아이슬란드 어디를 가든지 검은 모래라고 불리는 아주 작은 조약돌뿐이다.

▲ 뮈르달스 요쿨은 아이슬란드에서 네 번째로 큰 빙하 지형이다.

비크 주변 해안에서는 아이슬란드 특유의 주상절리를 볼 수 있다. 바닷가에서 바라보는 수평선의 아른거리는 빛이 마치 신기루같다. 예전에는 이곳을 통해 바이킹들이 배를 타고 오갔던 것 같다. 그래서 마을 이름을 그리 지은 건 아닐까.

아이슬란드에서 가장 규모가 큰 빙하 지형인 스카프타펠스 요쿨Skaftafellsjökull로 향했다. 안내문을 보니 숙달된 가이드 지시에 따라 행동해야 한다는 경고문이 있다. 제멋대로 행동하다가는 빙하가 갈라진 크레바스나 얇은 얼음판에 빠질 수 있으니 조심하란 말이다. 아이젠까지 준비해 갔지만 헬멧과 피켈을 준비하지 않아 혼자 빙하를 걷는 일은 포기할 수 밖에 없었다. 빙하 체험을 하고 싶다면 가능한 빙하 탐사 사이트에서 미리 예약을 하고 오면 좋을 듯하다.

나는 빙하 가까이 가기만 해도 좋았다. 걷다보면 어느새 영화 〈인터스텔라〉에 등장하는 밀러 행성처럼 검은 빙하들이 묘한 분위기를 연출한다. 바로 빙하 저 위 어딘가에서 밀러 행성이라고 하면서 영화 촬영 놀이를 했을 텐데, 「지구 속 여행」을 쓴 쥘 베른도 바로 이 빙하 지역 너머 어딘가에서 지구 속 탐험을 시작하는 출발점이라고 하며 놀았을 테고. 역시 검은 빙하가 주는 매력은 색다른 자극으로 다가온다.

한겨울은 아니지만 4월 초순의 아이슬란드는 여전히 춥다. 연중 을씨년스런 날씨와 썰렁한 기온, 그래서인지 푸른 하늘보다 회색빛 하늘이 더 어울리는 듯하다. 벌판에는 화산의 영향으로 누런 이끼만 자라고, 화산재 때문에

▲ 디르홀레이의 검은 해안. 영화 〈인터스텔라〉에 등장하는 밀러 행성을 연상시키는 묘한 매력이 있다.

해안가도 검고 빙하도 검다. 그뿐 아니라 식탁에 오르는 소금까지도 검은색이다. 히말라야의 분홍색 소금이 인기라지만 아이슬란드의 검은 소금을 맛보면 히말라야 소금과 다른 맛에 반하게 될지도 모르겠다.(달콤하다. 마치 첫사랑처럼!) 그렇게 아이슬란드의 검은색은 내게 색다른 느낌으로 다가왔다. 검은색이 '죽음의 색'이 아닌 '삶의 색'으로 느껴졌다.

그뿐 아니라 산비탈의 그림자까지도 여름이 되면 푸르른 이끼 덕분에 초록빛으로 화사해진다고 한다. 여름날 이곳을 찾는다면 아마 초록빛 벌판을 숨죽이며 바라보게 될지도 모르겠다. 어쩌면 몬드리안이 그렇게도 초록색을 싫어했던 이유를 알 수 있게 될지도 모를 일이다. 몬드리안은 누가 꽃다발을 선물하면 초록색이 싫어서 화병에 꽂혀있는 초록 잎을 몽땅 흰색으로 칠해버렸다고 한다. 생명력 넘치는 초록의 여름, 절규하는 흰색의 겨울, 그리고 죽음 같은 검은 해안의 봄, 내가 가고 있는 길은 지금 생명이 움트고 있는 '검은색 봄'이다.

색의 변화를 통해 느끼는 자연이 참으로 기이하고 황홀하다. 신이 우리에게 선물한 색감이 무지개색 정도일 거라고만 알고 있었는데 검은색을 숨겨놓고 가끔씩 우리의 정신을 홀리고 있다는 생각이 든다.

아이슬란드 여행은 그야말로 색다른 즐거움이다. 거기에 신들의 이야기까지 더해져 한 권의 판타지 소설을 읽는 기분으로 1번 국도를 달리고 있으니 아이슬란드 여행은 정말 멋지다는 말 밖에 달리 표현할 말이 없다.

호프 마을의 사랑 이야기

숙소가 있는 호프Hof 마을에는 저녁 노을이 곱게 물들기 시작할 때 도착했다. 오늘 묵을 이 마을엔 아름다운 사랑 이야기가 전해지고 있다.

가톨릭이 전파되던 9세기 말부터 11세기 초까지, 아이슬란드에서는 전통신앙인 파간과 신흥 종교인 가톨릭 간에 갈등이 심했다. 여기에 아이슬란드의 지배권이 노르웨이에서 덴마크로 넘어가면서 아이슬란드는 그야말로 혼돈의 시기를

▲ 달리고 달려 도착한 호프 마을이 나를 반긴다.

겪고 있었다. 아이슬란드 남쪽의 작은 마을 호프도 예외는 아니었다. 권력 투쟁, 전투, 갈등이 끊이지 않았다. 그러나 이 어려운 시기에도 사랑은 있었다.

남쪽의 호프 마을과 동쪽 끝 해안가의 우싸비크Ussavik 마을 족장에게는 각각 잘생긴 아들과 어여쁜 딸이 있었다. 어떻게 만나 사랑을 시작했는지는 알 수 없지만, 두 남녀는 만났고 사랑을 했다. 구구절절한 이야기를 알 수는 없지만, 결코 쉽지 않았으리라 짐작만 해볼 뿐이다. 결국 두 사람은 사랑의 결실을 맺게 되었고, 이는 두 마을을 화해와 평화로 이끌게 되었다.

오랜만에 멋진 저녁노을을 보니 잠시 감상에 빠지게 된다. 저 멋진 저녁노을을 타고 우싸비크의 아름다운 아가씨가 호프의 잘생긴 총각을 만나러 오지는 않았을까. 밤이 되자 두 사람을 이어주는 사랑의 다리인 듯 오로라까지 빛나니 나의 상상은 속절없이 이어졌다. 문득 섬광처럼 빛을 발하고 사라지는 오로라처럼 두 연인도 사랑을 나눈 후 흔적도 없이 사라져 버리진 않았을까.

▲ 호프 마을에서 만난 오로라

동쪽 끝 해안가의 백조들

요쿨 살론의 빙하들

오늘은 수많은 철새들이 있다는 동쪽 끝으로 가려고 한다. 그런데 바람이 너무 거세다. 운전을 하는데 자동차가 흔들리기까지 해서 공연히 불안한 마음이 들어 천천히 달렸다. 간밤에 하늘빛이 그리도 황홀하더니 오늘은 짙은 무채색이 하늘을 뒤덮고 있다.

아이슬란드에서 가장 큰 빙하 지대인 바트나 요쿨Vatnajökull 국립공원에서 뻗어 나간 빙하가 바다와 직접 맞닿아 있는 곳. 빙하에서 떨어져 나온 조각들이 호수에서 둥둥 떠다니다 냇물처럼 생긴 통로를 따라 바다로 흘러 들어간다. 바로 '요쿨 살론Jökulsárlón'이다. 얼음덩이가 마치 고래처럼 보인다. 그제서야 빙하 조각들이 모두 하얗지만은 않다는 걸 알게 되었다. 화산재가 눈 속에 스며들어 검게 변한 조각들이 보였다. 2010년 화산 폭발 당시 엄청난 화산재가 아이슬란드 동남부를 뒤덮어서 그런지 이 부근 빙하 조각들은 온통 검은색이다. 검은색이 간간히 배어든 얼음 조각들이 마치 작품처럼 보인다.

▲ 철새들의 휴식처인 동쪽 끝 해안에서는 백조를 쉽게 볼 수 있다.

어느새 1번 국도의 동쪽 끝 지점을 벗어나 간선 도로인 92번 도로로 접어든다. 1번 국도를 벗어난다는 건 위험이 따를 수 있다는 걸 명심해야 한다. 이제부터는 동쪽 해안을 끼고 달리는 비포장도로가 시작되기 때문이다. 1번 국도는 일 년 내내 국가가 관리하지만 나머지 도로들은 계절의 변화를 그대로 견뎌야 한다. 그래서인지 도로 상태가 겨울철에는 눈이 쌓여 있거나 얼음이 얼어 좋지 않다. 가능한 한 이용을 자제하라는 표지판이 여기저기 붙어 있었다. 안내는 고맙지만 오늘 숙소가 동쪽 피오르드 끝부분에 있으니 안 갈 수 없지 않은가. 조심조심 바람을 가르며 나갔다.

사실 숙소를 이리 외진 곳에 잡은 이유는, 그곳 부근이 꽤나 절경이라는 판단에서였다. 봄이면 야생화가 지천으로 깔려있고, 여름이면 가파른 절벽을 타고 오르내리는 산양들이 구름을 넘나드는 모습을 안내 책자에서 본 터였다. 그런데 내가 착각을 한 것 같다. 사실 그런 장면은 한여름이나 5월 중하순이 되어야 가능했을 텐데, 지금은 4월 초순이니 말이다. 참 바보 같은 결정이라고 후회했지만, 이제 와 어쩔 수 없는 일이다.

홀마할시의 여사제

아이슬란드 동쪽 지역은 다른 지역과 마찬가지로 북유럽 신화의 무대로 많이 등장하는 곳이다. 요정 엘프와 거인 트롤에 대한 흥미진진한 이야기들이 전해진다. 실제로 1627년 동쪽 해안에 알제리 해적이 출몰하여 주민 110명을 납치해 아프리카 노예 시장에 팔았다고 한다. 이때 주민들이 그렇게나 믿고 있던 신화 속의 트롤과 엘프는 아무런 도움도 되지 못했다. 이때 뵐바라는 사제가 나타나 동쪽 해안가에 있는 에스키 피오르드의 홀마할시라는 곳에서 짙은 안개와 높은 파도를 일으켜 더 이상 사람들을 잡아가지 못하게 했다고 전해진다. 이후 주민들은 더 이상 잡혀가지 않았다.

이때부터 동쪽 해안가 피오르드 지역에서 하얀 안개가 피어나는 것은 트롤과 엘프들을 숨기고 적의 침입으로부터 보호하기 위한 것이라고 사람들은 믿고 있다. 그리고 주민들은 뵐바 사제를 기리는 뜻에서 피오르드 꼭대기에 돌무지를 만들어 제단을 마련하고 해마다 그를 기리는 의식을 행하고 있다.

동쪽 해안가 92번 도로를 타고 가다가 갈라지는 도로를 만났다. 94번 도로다. 그 도로 끝에 있는 언덕이 바로 홀마할시다. 아쉽게도 눈 녹은 여름철에

만 입산이 가능하기 때문에 겨울에는 올라가 볼 수가 없다. 실제로 이 지역은 사계절 내내 다른 곳보다 안개와 풍랑이 심하기 때문에 조심해야 한다. 특히 겨울에는 심한 눈보라까지 휘몰아친다. 누군가 뵐바의 마음을 달래기 위한 제물을 준비하지 않는다면 억울한 피해를 입을지 모른다. 그래서 이 지역 사람들은 이곳을 지날 때는 준비를 단단히 한다. 나는 지난밤 묵었던 호텔 지배인의 신신당부에 화병에 꽂혀있던 장미 한 송이를 가져왔다. 인근 도로를 지날 때 잠시 차를 세우고 언덕을 향해 눈인사를 보낸 후 나뭇가지에 장미꽃을 걸어놓았다. 부디 탈 없는 여행길이 되도록 도와달라고 빌면서!

▲ 94번 도로 끝에 있는 홀마할시. 눈보라가 휘몰아치는 겨울에 간다면
뵐바 사제의 마음을 달래줄 제물을 준비하는 게 좋다.

92번 도로를 따라서

숙소로 가기 위해 92번 도로를 타고 동쪽 해안을 따라 끝까지 가야 했다. 92번 도로를 타고 해안으로 접근하기 위해서는 대관령 정도 되는 고갯마루와 긴 터널을 하나 지나야 한다. 그런데 눈발이 너무 심해 앞이 보이지 않으니 은근히 겁이 나기 시작했다.

가다보니 비탈길 아래에 굴러 떨어진 차가 보였다. 숙소까지의 길은 예상대로 엄청난 눈으로 뒤덮여 있었다. 조금만 방심해도 절벽 아래로 굴러 떨어질 정도의 급경사다. 게다가 짙은 안개까지. 뵐바 사제에게 다시금 무사 안녕을 빌며 미끄러운 고갯마루를 조심조심 내려왔다.

게스트하우스에는 손님은 아무도 없었다. 아직 관광 시기가 아니라 여행객이 거의 오지 않는다고 했다. 그러던 차에 내가 왔으니 주인장은 신이 난 모양이다. 제법 수다를 떨며 이것저것 내놓는데 귀찮을(?) 정도로 인심이 후했다. 어쩌면 오늘 뵐바 사제에게 장미꽃 한 송이를 바친 덕분은 아닐까 하는 생각이 들었다. 밖에서는 여전히 바람이 심하게 불고 눈보라가 날리고 있었다.

▲ 동쪽 끝 피오르드에서 만난 외딴집 한 채. 선물처럼 만난 풍경에 그간의 피로가 풀리는 듯했다.

눈보라를 뚫고 후사비크로

오늘은 동쪽 끝 해안을 출발해 북쪽 해안 도시 후사비크Husavik까지 가야 한다. 어제 지나온 94번과 92번 도로를 거꾸로 달려, 다시 1번 도로를 타고 북쪽에 있는 미바튼 호수로 향했다. 호수를 끼고 돌아 1번 도로를 벗어나면 지름길인 87번 도로를 지나 후사비크에 도착하는 일정이다. 친절한 숙소 안주인이 후사비크에 있는 동료와 전화 통화를 하더니 다행히 길이 뚫렸다고 알려준다. 그러면서 겨울 동안 미바튼에서 후사비크로 가는 지름길이 눈으로 막히는 경우가 많아 도로 상태가 안심할 수 없다고 걱정했다. 만일 도로가 막혔다면 그곳에서 하루 더 묵으려 했지만 다행히 도로는 열렸다고 하니 망설일 필요가 없었다.

여행은 날씨 때문에 늘 예측 불허다. 상황이 늘 바뀌기 때문에 긴장을 늦출 수가 없다. 특히 그곳이 아이슬란드라면 말이다. 날씨가 좋으면 후사비크까지 가는 길이 최고의 드라이브코스 일 텐데. 날씨가 받쳐주지 않아 아쉽기만 하다.

아이슬란드 동쪽 끝인 쾨이프스타뒤르를 출발해 북쪽으로 가는 길은 예상보다 더 나빴다. 한 치 앞이 보이지 않았다. 1번 도로에 접어들기까지 중간중간 최악의 도로 사정 때문에 무서움이 커졌다. 다행히 빌바 사제의 기도 덕분인지 무사히 1번 도로에 들어설 수 있었다. 아쉽게도 너무 험악한 날씨 때문에 미바튼 호수로 가는 도중의 멋진 폭포와 명승지들은 그냥 지나쳐야만 했다.

미바튼 호수 부근의 유황가스 분출 지역에서 잠시 쉬면서 정신을 차렸다. 이곳은 노천 온천과 가스가 분출되어 유황 냄새가 진동하는 곳이다. 미바튼 호수 일대가 지금도 활화산처럼 꿈틀대고 있으니 사실 불안한 지역이라고 하는 게 맞겠다. 하지만 여름에는 이 일대가 초록 벌판으로 변하면서 멋진 폭포와 계곡을 보여준다. 기회가 되면 여름에 찾아와도 좋을 것 같다.

여하튼 계속해서 숙소가 있는 후사비크으로 가야 했다. 가는 길에 잠시 슈퍼마켓에 들러 장을 보면서 모처럼 독주도 한 병 샀다. 오늘 같은 날 한잔하지 않고는 견딜 수 없을 것 같았다. 장을 보고 나온 사이 자동차 지붕에 10cm는 족히 될 만큼 눈이 쌓여 있었다. 1번 국도를 벗어나 후사비크로 가는 지름길인 87번 도로로 들어섰지만 후사비크를 오가는 차는 한 대도 보이지 않았다. 구릉지대 언덕을 오르내리며 달렸다. 절대 속도를 낼 수 없었다. 그저 길이 미끄러우니 천천히 조심조심 달려야 했다.

후사비크가 그리 멀지 않은 것 같다고 생각하며 언덕을 오르는 순간, 일이 터지고 말았다. 눈이 제법 쌓인 곳을 지나면서 차가 눈밭에 갇히고 만 것이다. 내가 빌린 꼬마차 붕붕이는 앞 범퍼가 낮아 쌓인 눈을 넘어서지 못했다. 꼼짝없이 눈 속에 갇히고 말았다. 눈앞이 캄캄해졌다. 그래도 가만히 있

▲ 얼음으로 뒤덮여 있는 87번 도로의 고갯마루.
내가 빌린 렌트카로는 고개를 넘을 수 없어 두 시간 넘게 갇히고 말았다.

▲ 후사비크 인근에 당도해서야 겨우 검은색 도로를 만날 수 있었다.

을 수는 없는 법. 자동차 앞에 쌓인 눈과 바퀴 주변의 눈을 모두 치우고 엑셀을 밟아보지만 헛바퀴만 돌 뿐, 차는 꼼짝도 하지 않았다. 눈보라는 거세지고 바퀴에는 점점 더 눈이 쌓여만 가는 상황이었다. 이대로 끝나는 걸까, 차를 버리고 걸어갈까? 오만 가지 생각이 스쳤다.

길에서 길을 잃었다. 갑자기 배가 고파온다. 너무 긴장을 한 걸까? 무서움과 두려움보다 허기진 배를 채우고 싶은 마음이 간절해졌다. 멸치국물에 잘 만 국수가 먹고 싶었다. 등산을 하고 온 날이면 아내가 해주던 그 국수 말이다. 멸치를 한 움큼 넣고 진하게 우려낸 국물에 국수를 말아 한 그릇 들이키면 좋을 것 같았다.

이상국 시인의 「국수가 먹고 싶다」라는 시에 나오는 "속이 훤히 들여다보이는 사람들과 따뜻한 국수가 먹고 싶다" 던 말이 자꾸 생각났다. 극한 상황에 도달해서인지 평소에는 기억에도 없던 사람들 얼굴까지 떠올랐다. 아이슬란드에 도착해 여기까지 온 일이 주마등 같이 떠오르며 지나갔다. 하지만 여기서 나갈 방법은 떠오르지 않았다. 구조를 요청하려 전화를 꺼냈지만 전파가 잡히지 않았다.

그제서야 10세기 이전에 아이슬란드를 정복하기 위해 동쪽으로 침입했던 덴마크 왕국이 번번이 실패했다는 것이 이해가 되었다. 이런 기후 조건에서는 그 누구도 침입할 수 없었을 것 같다. 그런 이유로 아이슬란드 사람들은 동쪽 지역에 자신들을 지켜주는 수호신 '드래곤'이 있다고 믿었다고 한다. 그런데 내가 그 유명한 아이슬란드 수호신을 만나게 될 줄이야. 나는 고갯마루에서 눈밭에 빠진 자동차를 달래고 빌며 한참을 그렇게 사투를 벌였다. 뵐바사세에게 빌고 또 빌었다. 제발 이 눈밭을 빠져나가게 해달라고.

▲ 눈보라를 뚫고 도착한 후사비크 항구의 모습

그렇게 두 시간 넘게 미친 듯이 쌓인 눈을 헤치며 사투를 벌였다. 자동차 바퀴를 덮고 있는 눈을 치우고, 마찰력을 높이기 위해 가방 속에 있는 모든 의류품 종류를 꺼내 차바퀴 아래에 쑤셔 넣었다. 손수건은 물론 입고 있던 점퍼와 스웨터, 장갑 등 받칠 수 있는 건 모두 다 벗어서 끼워 넣었다. 힘껏 엑셀을 밟으며 뵐바 사제에게 외쳤다 "국수를 먹게 해달라고!"

갑자기 '살았구나'라는 안도감이 느껴졌다. 차가 눈밭에서 빠져나온 것이다. 문득 감정이 복받쳐 오르며 눈물이 났다. 살았다는 안도감 때문일까? 뵐바 사제가 나를 살려준다는 무언의 암시가 가슴 깊이 느껴졌다. 이건 어쩌면 내가 앞으로 무언가로 보답해야 한다는 또다른 암시라는 생각이 들었다. 아무튼 눈밭을 빠져나올 수 있었으니 또다시 달려야 했다.

어느새 날이 많이 어두워졌다. 이제는 그야말로 기진맥진 상태에서 조심조심 경사진 비탈길을 기다시피 내려갔다. 얼른 이 도로를 벗어나고 싶다는 생각에 안간힘을 써보지만 길은 여전히 온통 흰색이라 무섭다. 드디어 멀리 바다가 보이는 곳에서 검은색 도로를 만났다. 그제야 살았다는 안도감이 생기며 긴장이 풀렸다. 누가 검은색을 죽음의 색이라고 했던가. 그 순간 검은색은 나에게 생명의 색이었다.

Tip

아이슬란드에서 소형 차량은 NO!

만약 아이슬란드 여행을 겨울에, 그것도 자동차로 할 예정이라면 오프로드 차량을 권한다. 특히 동쪽 해안가로 갈 예정이라면 일반 소형 차량(아반떼급 차량)은 절대로 이용하지 말기를 바란다. 이 지역은 일 년 내내 안개와 눈보라 때문에 도로 사정이 매우 나쁘다. 대관령같이 굽이진 길과 경사가 많아 미끄럼 사고가 자주 발생한다.

신들의 폭포, 고다포스

고다포스로 가는 길

아이슬란드에는 동서남북 각 지역을 지키는 수호신이 있다고 전해진다. 동쪽에는 용, 남쪽에는 황소, 북쪽에는 독수리, 그리고 서쪽에는 거인이 지키고 있다고 했다. 나는 그 수호신들이 아이슬란드가 몇 백 년간 덴마크 식민지로 있었던 쓰라린 경험을 대변하는 증거처럼 보였다. 외부의 침략자들을 물리치고 안전하고 평화로운 삶을 유지하게 해달라는 아이슬란드 사람들의 마음을 담은 것이었기에 더욱 그런 느낌이 들었다.

아무튼 어제는 아이슬란드를 지키는 수호신 덕분이었는지 눈과 얼음의 나라를 벗어나 숙소가 있는 후사비크까지 무사히 올 수 있었다. 그러나 여전히 엄청나게 휘몰아치는 눈보라는 내게 지울 수 없는 트라우마로 남아있었다. 그래서 여기저기 보이는 겨울의 흔적들, 특히 먼 산을 덮고 있는 흰 눈이 멋있기는 커녕 두려운 존재처럼 느껴졌다.

일단 아이슬란드의 수호신들을 모두 찾아보려 했던 계획은 보류하기로 했

▲ 후사비크에서 차로 30분 거리에 있는 신들의 폭포로 불리는 '고다포스'

다. 잠시 쉬고 싶었다. 게으름을 피우며 후사비크에서 낚시를 즐기거나, 고래 관광을 하는 게 어떨까 하는 생각도 들었다. 물론 나는 고래 관광은 찬성하지 않는다. 내가 환경보호론자여서가 아니다. 그저 고래도 조용히 살 권리가 있지 않을까 해서다.

결국 늦은 아침을 먹고 거의 점심때가 다 되어서야 숙소를 나섰다. 다행히 날씨는 좋았다. 일단 오늘은 어제 그냥 지나온 고다포스Godafoss를 가기로 했다. 아이슬란드어로 신을 뜻하는 '고다Goda'라는 이름처럼 신들의 폭포라고 불리는 고다포스. 다른 명승지들은 보아도 그만, 보지 않아도 그만이지만 아이슬란드까지 와서 고다포스를 안 보고 가는 것은 말이 안 될 일이다.

후사비크에서 자동차로 30여 분 거리에 있는 고다포스, 새벽녘에 왔다면 멋진 일출 장면을 담을 수 있었을 텐데, 하는 아쉬움이 들었다. 고다포스 주변은 눈으로 덮여 온통 하얗기만 했다. 영하의 날씨 덕분인지 폭포는 제법 멋진 풍경을 보여주었다. 문득 이 폭포 언저리 어디에선가 토르가이르가 그렇게 신봉하던 오딘의 동상을 폭포 속으로 내던지는 모습이 떠올랐다. 그때 오딘의 동상을 내던지는 토르가이르의 심정은 어땠을까?

토르가이르의 선택

아이슬란드를 비롯한 대부분의 북유럽 국가들은 11세기를 전후해 가톨릭으로 개종하기 시작했다. 덴마크와 스웨덴에서는 독일 교구가 영향을 미쳤고 노르웨이에서는 전통신앙인 파간을 신봉한 올라프 트뤼그바손 왕과 올라프 하랄드손 왕이 프랑스와 덴마크에서 세례를 받고 온 후 주민들을 기독교로 개종시켰다. 아이슬란드는 10세기를 전후해 영국에서 이주한 사람들이 기독교를 전파했다. 아이슬란드에서 기독교 세력이 점차 증가하자 북유럽 신화를 추종하는 파간 신자들과 기독교 신자 간에 갈등이 발생했다. 그러나 당시 아이슬란드의 알팅 의장이었던 할루와 토르가이르, 두 사람의 현명한 선택 덕분에 갈등은 예상보다 쉽게 해결될 수 있었다.

사실 기독교 개종이 허용될 때까지 아이슬란드는 전통신앙인 파간 신자들과 신흥 종교인 기독교 신자들 간의 반목과 갈등이 극에 달했다. 결국 집단 간 파벌 싸움으로 번지며, 알팅 의장을 따로 뽑는 어처구니없는 일까지 일어나게 되었다. 한쪽은 기독교 개종을 바라는 시다 지역 출신인 할루를, 다른 한 쪽에서는 파간 신자인 토르가이르를 선출한 것이다. 하나의 집단에 두 명의 수장이라니. 종교 때문에 하나의 아이슬란드가 두 개의 국가로 갈라서기 일보 직전이었다.

이때 시다 출신의 할루가 모든 권한을 토르가이르에게 일임하고 그의 결정에 무조건 따를 것을 맹세하면서 이 사건은 일단락된다. 하나의 아이슬란드를 위한 할루의 탁월한 선택이자 양보였던 것이다. 상황이 이렇게 되자 토르가이르의 고민도 깊어졌다. 결국 그는 기독교를 인정하기로 결정하고, 알팅 회의에서 이를 공표했다. 그의 이런 결정에 어느 누구도 이의를 제기하지 않았다. 그러나 토르가이르는 또다른 고민에서 벗어나지 못했다. 결국 토르가이르는 그동안 자신이 지니고 있던 파간의 대표적인 성물, 오딘 동상을 버리기로 했다. 알팅 회의를 끝내고 집으로 돌아온 토르가이르는 집에서 멀지 않은 폭포로 향했다. 그리고는 그동안 가장 소중하게 지녀온 오딘의 동상을 폭포 속으로 던졌다. 그 폭포가 바로 신들의 폭포로 알려진 고다포스다.

이런 토르가이르의 고뇌는 아이슬란드 제2의 도시인 아퀴레이리의 교회 유리창에 스테인드글라스로 남아 있다. 오딘 동상을 들고 고다포스로 향하는 토르가이르의 모습을 그린 그림에는 그의 인간적인 고민과 갈등이 고스란히 담겨 있는 듯했다.

▲ 오딘 조각상을 들고 고다포스로 향하는 토르가이르의 모습이 새겨진 아퀴레이리 교회의 유리창

빙하 속 수호신, 바르두르

이른 아침 상쾌한 바람을 맞으며 숙소를 나섰다. 오늘 목적지는 서쪽을 지키는 수호신 바르두르 거인이 있는 곳이다. 원래는 서북쪽 끝에 있는 호른스티란디르Hornstrandir 국립공원 근처에 숙소를 잡았는데, 4월 초순인데도 도로가 눈과 얼음으로 뒤덮여 있어 숙소까지 접근이 불가능하다는 연락을 받았다. 이곳에서는 계절에 따라 도로 사정이 나쁜 곳은 접근이 어렵다. 하는 수 없이 서북쪽 국립공원 지역을 포기하고 경로를 수정했다.

숙소를 출발해 서쪽 해안 방향으로 길을 잡았다. 아이슬란드의 또 다른 빙하 지대인 스네펠스 요쿨Snaefellsjokull이 있는 곳이다. 북유럽 신화의 무대이기도 한 이곳은 다른 빙하 지대에 비해 상대적으로 규모가 작다. 그러나 일 년 내내 하얀 봉우리를 안고 있어 분명 신화 속 흥미로운 이야기를 만날 수 있을 거란 기대가 있었다. 스네펠스 요쿨 빙하 지대로 가는 도중에 셀라세투르Selasetur라는 곳에 들러 물개 박물관을 가려 했는데, 비수기라 그런지 문이 잠겨 있었다. 서쪽 해안가 빙하 지대로 가기 위해 54번 도로로 접어들어 계속

가니 헬리산두르 마을이 나오고 바로 스네펠스 요쿨이 나타났다.

헬리산두르 마을은 빙하가 잘 보이는 곳이기도 하지만 다양한 조류도 볼 수 있는 섬들이 많은 지역이기도 하다. 여름철에는 각종 새들이 축제를 벌이는 새들의 낙원으로 변한다고 하는데, 아쉽게도 지금은 겨울이라 갈매기밖에 볼 수 없었다. 그렇게 스네펠스 요쿨을 한 바퀴 돌고 다시 해안가를 따라 남쪽 방향으로 길을 잡았다. 「바르두르 사가Bardur Saga」의 배경이 된 아르나르스타피 마을로 향했다. 아이슬란드를 지키는 수호신인 거인의 석상이 마치 사람처럼 스네펠스 요쿨을 바라보고 서있었다. 제법 신화 속 주인공 같은 분위기를 느끼게 하는 곳이었다.

석상의 모티브가 된 반인 반신인 바르두르는 아이슬란드 신화 중에 아르나스타피 마을에 사는 헬나르라는 거인족 사람들과 관련된 이야기가 전해 온다. 반인 반신인 바르두르가 처음 도착한 곳이 바로 아르나스타피 인근 뒤우팔론이란 마을이었다. 이곳에 도착한 바르두르는 농장을 만들고 정착했다.

바르두르의 동생 토르켈도 아르나스타피에 정착해 로드펠두르와 솔비라는 두 아들을 낳고 살았다. 한편 바르두르의 딸 헬가는 큰 키에 늘씬한 몸매를 지녔는데 많은 사람의 이목을 끌 정도로 미인이었다고 한다. 토르켈의 두 아들과 헬가는 함께 장난을 치며 자랐다. 어느 날 토르켈의 아들 로드펠두르가 실수로 헬가를 그만 바다 속으로 밀어서 빠뜨리고 말았다. 다행히 헬가는 큰 상처를 입지 않았지만, 파도를 타고 표류하여 그린란드에 안착하게 되었다.

딸이 사라진 것을 뒤늦게 알게 된 바르두르는 격노하여 로드펠두르를 로드펠드스그야 골짜기로 보내 바위로 만들어버렸다. 또 그의 동생 솔비를 아르나스티의 동쪽 해안가 절벽에 위치한 솔바함마르르에 밀어 넣어 또다른 바위

▲ 아르나르스타피 마을에 있는 거인상 바르두르 스네펠사스

로 만들어 버리고 바르두르는 스네펠스 요쿨 속으로 자취를 감춰버렸다고 한다. 그 후부터 사람들은 바르두르가 스네펠스 요쿨의 수호신이 되어 아이슬란드 서쪽 지방을 지킨다고 믿었다.

마지막 전쟁,
라그나뢰크

아이슬란드의
위대한 자연

아이슬란드 숙소에는 대부분 지하수를 연결해 손님들이 온천을 즐길 수 있도록 해놓았다. 어제 묵은 보르가르네스Borgarnes 인근의 비크라는 게스트하우스에도 테라스에 오크통 욕조가 있었다. 덕분에 추운 겨울에도 야외에서 온천욕을 즐길 수 있었다. 매일 온천욕을 하다 보니 다른 북유럽 국가를 여행하던 때보다 피로가 덜 느껴졌다.

오늘은 아이슬란드 여행을 마무리하기 위해 다시 레이캬비크를 거쳐 공항 인근의 케플라비크Keflavik 마을까지 가야 했다. 다행히 서해안을 따라 주행하기 때문에 도로 상태를 걱정하지 않아도 되었다. 멕시코만 난류의 영향으로 기온도 조금 높아져 영상 5도 정도라고 하니 운전하기 좋은 날씨다.

서해안을 따라 레이캬비크로 향하는 길에서 만난 그라브로크Grabrok는 화산지대의 특징을 잘 보여주는 곳이다. 그라브로크는 처음 화산이 폭발한 후 같은 장소에서 한번 더 화산이 폭발한 곳이라는 의미이기에 '이중 화산'이라고 불러야 할 것 같다. 같은 지역에 두 번의 화산 폭발이라니, 보기 드문 경우다.

화산 인근 지역이라고 해서 용암과 화산재 때문에 아무것도 자라지 않을 것 같았는데, 이곳은 이런 생각을 보기 좋게 뒤엎었다. 오랜 시간이 지나면서 지의류와 이끼류가 자라고, 마지막으로 나무나 풀 같은 초본식물 등이 순차적으로 나타나는 것이 그저 신기했다. 자연은 그렇게 자생력을 가지고 있다는 걸 묵시적으로 보여주고 있었다. 그게 바로 자연의 위대한 힘이라는 듯이 말이다.

아이슬란드의 자연 환경은 자연스럽게 북유럽 신화의 여러 장면들을 떠올리게 했다. 거친 자연 환경과 음산한 기후, 삭막한 자연과의 사투, 이 모든 것들이 그대로 신화 속 이야기가 된 것 같다.

▲ 그라브로크는 화산 활동이 두 번이나 있었던 지역이다. 아무것도 자랄 것 같지 않은 이곳에 새로운 생명이 자라고 있었다.

인간적인 신화

북유럽 신화에는 거창하고 신비한 이야기만 있는 게 아니다. 평범한 사람들의 이야기도 적지 않다. 보통 신화는 불가사의한 이야기들로 점철되어 거창하고 엄숙해야 할 것 같은 고정관념이 있는데, 북유럽 신화에서는 그런 고정관념을 깨버리는 경우가 종종 발견된다. 그만큼 북유럽 신화는 '생활 밀착형 신화'다.

그 예가 바로 로키의 이야기이다. 오딘과 말썽쟁이 로키가 인간 세계인 미드가르드를 여행하고 있을 때 갑자기 독수리가 나타나 로키를 괴롭힌다. 로키가 살려달라고 외치자, 독수리는 매일 아스가르드에 사는 신들에게 청춘의 활력을 불어넣어 주는 사과를 나누어주는 여신 이둔을 데려오면 살려주겠다고 약속한다. 로키는 이둔이 사과를 가꾸고 있는 정원으로 몰래 들어가 감언이설로 이둔을 속여 독수리에게 데려간다. 독수리는 다름 아닌 거인족의 티아지였는데 이둔에게 흑심을 품고 있었던 것이다.

이둔이 인간 세계인 미드가르드에 발을 들여놓는 순간, 독수리는 이둔을 데려가 자신의 집에 가둔다. 이둔이 사라진 아스가르드의 신들은 그녀가 매일 제공하던 신비의 사과를 먹지 못하게 되자 점차 늙어가기 시작했다. 이를 알게 된 오딘은 로키에게 이둔을 다시 데려오라고 명령한다. 거인 티아지가 사냥을 나간 사이 로키는 이둔을 몰래 데리고 오는데 성공한다.

오딘은 거인 티아지가 다시 아스가르드로 올 것을 염려해 성 주변에 불을 놓는다. 독수리로 변신해 뒤쫓아 온 티아지는 미처 불길을 피하지 못하고 불에 타 죽는다. 티아지의 딸 스카디는 복수하기 위해 아스가르드로 온다. 신들은

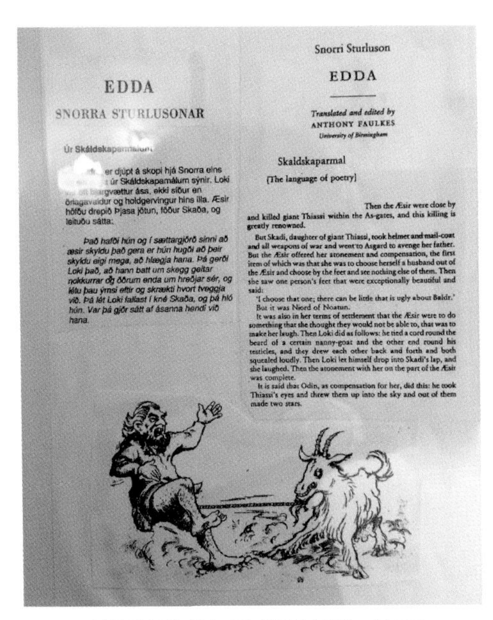

▲ 북유럽 신화에서 가장 생동감 넘치는 신 로키.
레이캬비크 성기 박물관에서는 로키와 관련된 이야기를 전시하고 있다.

그녀에게 협상을 제안했다. 오딘의 둘째 아들 발데르가 맘에 들었던 스카디는 남편감과 큰 웃음을 줄 것을 요구했다.

아스가르드의 신들은 그녀의 요구를 들어주며 얼굴은 보지 말고 발만 보고 신랑감을 고르라고 한다. 얼굴이 잘생긴 사람은 발도 잘생겼을 거라 믿은 그녀는 발이 잘생긴 신을 선택하지만 그 신은 늙은 바다의 신 뇨르드였다. 스카디는 자신의 선택을 받아들이고, 두 번째 조건을 고대한다. 이때 로키가 스카디를 웃기겠다고 나섰다.

로키는 자신의 성기에 끈을 묶고 나머지 한쪽은 염소의 수염에 묶었다. 염소가 움직이면 로키는 아프다고 소리를 질러대고, 로키가 움직이면 염소가

수염 때문에 음매애하고 소리를 질러대는 바람에 아스가르드는 오랜만에 웃음바다가 되고 만다. 결국 스카디는 참지 못하고 웃음을 터뜨리고 말았다.

결국 신들과 화해하고 뇨르드와 결혼한 스카디. 오딘은 거인 티아지의 눈을 하늘로 던져 빛나는 별로 만들었다. 후에 스카디는 사냥꾼들의 수호신이 되는데, 스칸디나비아라는 명칭은 바로 스카디의 이름에서 유래했다고 한다.

북유럽 신화에 이처럼 시시콜콜한 이야기까지 전해지는 것은 뜻밖이라고 할 수 있다. 신들의 이야기가 평범한 인간들과 별반 다를 바가 없기 때문이다. 그래서 북유럽 신화를 읽다보면 북유럽 신화의 특징 중 하나가 바로 신이란 존재가 인간과 별반 다르지 않으며, 영원불멸이 아니라 인간처럼 죽음을 맞이한다는 걸 알게 된다.

더욱이 가장 강력한 존재인 발할라의 절대자 오딘은 세상의 종말에 관한 예언을 듣고 그것을 막으려 애쓰지만 결국 실패하고 만다. 세상의 마지막 전투를 의미하는 라그나뢰크 전쟁에서 오딘은 늑대에게 잡아 먹혀 목숨을 잃는다. 또한 토르도 막강한 묠니르 망치를 가지고 있음에도 불구하고 이 전투에서 거대한 뱀에게 물려 죽는다. 결국 이 전쟁으로 신들과 거인, 괴물 등 모두가 죽고 인간이 지배하는 세상이 도래하게 된다.

먼 산을 바라보니 화산 폭발을 보는 것 같은 착각이 든다. 하얀 산봉우리가 마치 수르트가 쏜 불꽃처럼 붉은 연기를 쏟아내는 화산처럼 느껴졌기 때문이다. 저기 어디쯤이 바로 비그리드 벌판이 아닐까, 최후의 결전이라는 게 어쩌면 화산 폭발을 의미하는 건 아닐까,라는 생각이 머릿속을 떠나지 않았다.

아이슬란드에는 여전히 100여 개의 화산이 폭발 직전에 있다. 지난 2010년에도 아이슬란드 남동쪽에 있는 에이야프얄라 요쿨Eyjafjallajokull 화산이 폭발했다. 당시 11km까지 솟구친 화산재가 바람을 타고 유럽 전역으로 번져 나가 상당한 피해를 입히기도 했다. 이는 아이슬란드가 유라시아판과 북아메리카판의 경계에 있기 때문에 해마다 1~2cm 정도씩 벌어지면서 지각 변동이 발생하기 때문이다. 따라서 언제 어떻게 될지 모르는 상황이다. 특히 레이캬비크 인근에서 그리 멀지 않은 바우르다르붕카 화산이 서서히 폭발 조짐을 보이고 있다. 2015년 8월에는 적색 경보까지 울리고 주민들을 대피시켰다고 하니, 심상치 않은 것만은 사실이다.

현재 아이슬란드 중앙 지역에서 지질 조사를 벌이고 있는 지질학자들의 견해로는 해마다 1~2cm씩 솟아오르던 땅이 최근 10여 년 사이에 2~3cm 정도로 급격히 솟아오르고 있어 머지않아 또다시 화산 폭발이 일어날지 모른다고 한다.

화산 폭발의 위험에 놓여 있는 아이슬란드를 보면 볼수록 어쩌면 북유럽 신화라는 것이 화산으로 인한 아이슬란드의 험악한 자연환경을 그대로 반영한 이야기가 아닐까라는 생각이 자연스레 들었다.

불안감과 신비함이 공존하는 아이슬란드. 아이슬란드를 빙 둘러 달리면서 보았던 풍광들이 주마등처럼 눈앞에 아른거렸다. 찬란한 오로라의 초록빛과 붉은 주단 같은 저녁노을, 그리고 하얀 눈밭에 빠져 허우적대던 기억까지. 이제는 추억 저편에 고이 접어두어야 할 것 같다. 아이슬란드를 떠나야 할 시

▲불안감과 신비함이 공존하는 레이캬비크 시내 전경

간이 되었기 때문이다.

10여 일간 아이슬란드를 정복한 소회가 진한 감동으로 다가왔다. 카페에 들러 잠시 휴식을 취하고 또다시 최종 목적지인 공항 근처의 숙소로 향했다. 숙소에 도착해 거실 선반 위에 놓인 글귀를 보는 순간, 이번 여행의 의미가 바로 저기 적혀 있다 싶었다.

그 글귀는 바로 "열심히 살고(Live well)", "많이 웃고(Laugh often)", "더 사랑하라(Love much)"는 것이었다.

발키리를 닮은 여인,
비요크

아이슬란드 케플라비크 공항 인근 선술집에 걸린 사진들을 보면서 발키리를 떠올렸다. 사진 속 주인공은 다름 아닌 아이슬란드가 자랑하는 가수 비요크. 그녀는 지난 2004년 그리스 아테네 올림픽 개막식에서 여신으로 등장해 〈Oceania〉라는 노래를 부르면서 "사랑하는 나의 아들 딸들아, 와서 내 젖을 먹으라"면서 은총을 내린 장본인이다.

레이캬비크에서 태어난 그녀는 아담한 체구에 어설픈 연기, '빠다' 냄새 나지 않는 목소리를 가졌다. 거인족 출신의 발키리를 쏙 빼닮았은 듯하다. 그래서 누군가는 그녀를 일컬어 진짜 글래머 가수라고도 했다.

2000년 그녀는 칸 영화제에서 황금종려상과 여우주연상을 수상해 화제가 되었다. 라스트 폰 트리어 감독이 연출한 〈어둠 속의 댄서Dancer in the Dark〉에서 주인공으로 출연했다. 개인적으로는 예술성이나 짜임새 있는 기획력을 보여준다는 생각은 들지 않았지만 비요크라는 한 여인의 연기와 음악에 대한 열정, 특히 탭 댄싱에 대한 감독의 연출은 감각적인 분위기를 잘 살리고 있다는 생각이 들었다.

▲ 아이슬란드의 대표 가수 비요크. 2000년 칸 영화제에서 황금종려상과 여우주연상을 수상하기도 했다. (왼쪽)
발할라로 죽은 자를 데려오는 발키리들(Lorenz Frølich, 1906). 최근 비요크의 행적을 보면 발키리가 연상된다. (오른쪽)

그녀의 연기를 보면서 오딘의 호위무사 발키라가 떠올랐다. 영화 〈어둠 속의 댄서〉에서 아들을 지키기 위해 죽음도 불사하는 모습을 보며 신화 속 발키리처럼 아이슬란드를 지키는 수호신처럼 노래하고 춤을 추는 게 아닐까, 라는 생각이 들었다.

최근에는 노래뿐 아니라 인권에 대한 관심도 음악으로 보여주고 있다. 그녀는 아이슬란드가 덴마크 치하에서 오랜 식민지 생활을 했던 기억을 잊지 않았기에 세계의 수많은 독립운동에 관심을 가지고 강력한 지원과 지지를 보내고 있다.

2008년 비요크는 상하이에서 열린 볼타Volta 투어 공연에서 티베트의 독립을 위해 〈Declare Independence〉라는 노래를 부르던 중 "티베트, 티베트"를 외치기도 했다. 중국 공안당국이 달려들어 제지하면서 국제적으로 논란이 되었는데, 이후 그녀의 중국 공연은 모두 취소되었다.

그뿐 아니라 그녀는 〈Declare Independence〉를 덴마크 식민지인 그린란드와 페로 제도에 바치기도 했다. 일본 콘서트에서는 코소보 독립을 위해 두 번이나 불렀다. 이 때문에 세르비아에서 열린 'Exit 페스티벌'에서 예정되었던 그녀의 공연이 신변 안전을 이유로 취소되었다.

이처럼 그녀의 목소리는 단지 음악만을 위한 것이 아니다. 그녀는 이제 국제적인 '발키리'가 되었다. 그러다 보니 아이슬란드 정부까지 나서서 그녀에게 애정 공세를 펼쳤다. 그녀에게 국가의 이름을 널리 알린 공로로 집을 한 채 선물한 것이다. 그녀에게 선물한 집은 그녀를 연상시킬 만큼 특이하다. 레이캬비크에서 그리 멀지 않은 곳에 위치한 작은 화산섬에 그녀의 집이 있다. 섬에는 달랑 그녀의 집 한채 뿐이다. 그야말로 그녀가 주인공인 영화에서나 볼 수 있는 그런 집이 아닌가. 발키리를 닮은 여인 비요크는 세계를 향해 외친다. 자유가 아닌 것은 모두 거짓이라고. 자유를 위한 투쟁과 억압이 있는 곳에 언제든 달려가 발키리처럼 투쟁도 불사할 것이라고 그녀는 노래한다.

아이슬란드를 떠나며, 북유럽 신화의 땅 아이슬란드가 조금은 부럽다는 생각이 들었다. 신화처럼 살아가는 사람들, 또 신화를 닮은 미래를 만들어가는 사람들, 그렇기에 세계 행복지수 3위라는 지위를 누리고 있는 사람들이 자꾸만 눈에 아른거렸다.

우리에게는 얼마나 더 많은 시간이 지나야 우리의 신화가 단단한 빙하처럼 굳어질까? 아니 언제가 되어야 우리의 신화가 활화산처럼 한반도를 뚫고 온천지로 솟구칠까? 신화를 기억하지 못하고 신화를 저버리는 민족에게 희망은 사치일 뿐이다.

이제 아이슬란드를 떠나 북유럽 신화의 또 다른 무대로 간다. 신화가 어떻게 이기적으로 왜곡되는지, 아니 신화가 어떻게 뿌리를 내리고 발전해 가는지를 계속 찾아보기 위해서다. 신화는 바로 그 나라의 역사이자 문화이기 때문이다.

Tip

록앤롤 박물관

비요크에 대한 더 많은 이야기가 궁금하다면 레이캬비크 공항 인근에 있는 '록앤롤 박물관The Icelandic Museum of Rock 'n' Roll' 에 가면 된다.

· 박물관 주소 _
Hjallavegur 2, 260 Reykjanesbaer/Keflavik, Iceland

· 입장료 _ 10유로
· 오픈 시간 _ 낮 12시부터 오후 5시까지

내가 만난 북유럽

2019년 3월 13일 초판 1쇄 발행
2020년 2월 12일 초판 2쇄 발행

지은이 | 박종수
펴낸이 | 이종춘
펴낸곳 | ㈜첨단

주소 | 서울시 마포구 양화로 127 (서교동) 첨단빌딩 3층
전화 | 02-338-9151
팩스 | 02-338-9155
인터넷 홈페이지 | www.goldenowl.co.kr
출판등록 | 2000년 2월 15일 제 2000-000035호

본부장 | 홍종훈
편집 | 하정희
본문 디자인 | 윤선미
전략마케팅 | 구본철, 차정욱, 나진호, 이동후, 강호묵
제작 | 김유석
경영지원실 | 윤정희, 안서현, 김미애, 박미영, 정유호

ISBN 978-89-6030-519-9 13980

BM 황금부엉이는 ㈜첨단의 단행본 출판 브랜드입니다.

황금부엉이에서 출간하고 싶은 원고가 있으신가요? 생각해보신 책의 제목(가제), 내용에 대한 소개, 간단한 자기소개, 연락처를 book@goldenowl.co.kr 메일로 보내주세요. 집필하신 원고가 있다면 원고의 일부 또는 전체를 함께 보내주시면 더욱 좋습니다.
책의 집필이 아닌 기획안을 제안해주셔도 좋습니다. 보내주신 분이 저 자신이라는 마음으로 정성을 다해 검토하겠습니다.